Apache Spark 深度学习实战

[爱尔兰]古列尔莫·伊奥齐亚 (Guglielmo lozzia)　著

尹一凡　译

中国水利水电出版社

·北京·

内 容 提 要

深度学习是基于多层神经网络的机器学习的一个子集，可以解决自然语言处理和图像分类等领域中特别困难和大规模的问题。《Apache Spark 深度学习实战》解析了技术和分析部分的复杂性，以及在 Apache Spark 上实施深度学习解决方案的速度。书中首先介绍了 Apache Spark 和深度学习的基础知识，包括为深度学习设置 Spark，学习分布式建模的原理，了解不同类型的神经网络，深度学习中数据的提取、转换和加载，数据流的应用；然后介绍了在 Spark 上实现 CNN、RNN 和 LSTM 等深度学习模型，使用 Spark 训练神经网络，监控与调试神经网络的训练，神经网络的评估，在分布式系统上部署深度学习应用，自然语言处理基础，文本分析和深度学习，卷积和图像分类；最后对深度学习未来的发展作了一个简要概括。另外，书中还使用 DL4J（大部分）、Keras 和 TensorFlow 等流行的深度学习框架实现和训练分布式模型。学完本书，读者可获得理解和处理复杂数据集所需的实践经验。本书适合 Scala 开发人员、数据科学家或数据分析师学习，也适合所有想使用 Spark 实现高效深度学习模型的人工智能相关专业的学生和开发人员。

北京市版权局著作权合同登记号：图字 01-2020-0266

Authorized translation from the English language edition,entitled *Hands-On Deep Learning with Apache Spark* (9781788994613) by Guglielmo Iozzia,published by Packt Publishing Ltd, Coryright ©Packt Publishing 2019.

All Rights reserved. No part of this publication may be reproduced or transmitted in any form or by any means, electronic or mechanical, including without limitation photocopying, recording or by any information or storage retrieval system, without permission of the publisher.

Chinese simplified language edition published by China Water & Power Press,Copyright @2022.

本书中文简体字版由 Packet Publishing 授权中国水利水电出版社在中华人民共和国境内独家出版发行。未经出版者书面许可，不得以任何方式复制、抄袭或节录本书内容。

版权所有，侵权必究。

图书在版编目（CIP）数据

Apache Spark 深度学习实战 ／（爱尔兰）古列尔莫·伊奥齐亚（Guglielmo Iozzia）著 ；尹一凡译. -- 北京 ：中国水利水电出版社，2022.3

书名原文：Hands-On Deep Learning with Apache Spark

ISBN 978-7-5170-9985-7

Ⅰ. ①A… Ⅱ. ①古… ②尹… Ⅲ. ①数据处理软件—机器学习 Ⅳ. ①TP274

中国版本图书馆CIP数据核字(2021)第193962号

书　　名	Apache Spark 深度学习实战 Apache Spark SHENDU XUEXI SHIZHAN
作　　者	[爱尔兰]古列尔莫·伊奥齐亚（Guglielmo Iozzia）　著 尹一凡　译
出版发行	中国水利水电出版社 （北京市海淀区玉渊潭南路 1 号 D 座　100038） 网址：www.waterpub.com.cn E-mail: zhiboshangshu@163.com 电话：（010）62572966-2205/2266/2201（营销中心）
经　　售	北京科水图书销售中心（零售） 电话：（010）88383994、63202643、68545874 全国各地新华书店和相关出版物销售网点
排　　版	北京智博尚书文化传媒有限公司
印　　刷	涿州市新华印刷有限公司
规　　格	190mm×235mm　16 开本　14.5 印张　340 千字
版　　次	2022 年 3 月第 1 版　2022 年 3 月第 1 次印刷
印　　数	0001—3000 册
定　　价	79.80 元

凡购买我社图书，如有缺页、倒页、脱页的，本社营销中心负责调换

版权所有·侵权必究

关于作者

    Guglielmo Iozzia 目前是都柏林 Optum 公司的大数据交付主管。他于博洛尼亚大学（University of Bologna）获得生物医学工程硕士学位。毕业后加入博洛尼亚一家初创 IT 公司，为该公司实现了一个管理在线支付的新系统。在那里，他为不同领域的各种客户开发复杂的 Java 项目。他还曾在联合国粮食及农业组织（FAO）的 IT 部门工作过。2013 年，他加入了都柏林的 IBM 公司，在那里，他提升了自己的 DevOps 技能，主要从事基于云的应用程序的开发。他经常在 DZone（译者注：是一个类似 IT 新闻形式的编程社区）中发表文章，是 DZone 的黄金会员。另外，他还在维护一个个人博客，分享他对各种技术主题的发现和想法。

    我要感谢我的妻子埃琳娜，感谢她在我编写这本书的过程中所付出的耐心，感谢我可爱的女儿卡特琳娜和安娜，感谢她们每天给我们的生活带来的快乐。

关于审稿人

Nisith Kumar Nanda 是一位充满激情的大数据顾问，他喜欢为复杂的数据问题寻找解决方案。他拥有十余年的 IT 经验，为全球不同的客户提供多种技术服务。他的核心专长是使用开源大数据技术，如用 Apache Spark、Kafka、Cassandra 和 HBase 构建关键的下一代实时和批处理应用。他精通各种编程语言，如 Java、Scala 和 Python。他对人工智能、机器学习和自然语言处理充满热情。

我要感谢我的家人，尤其是我的妻子 Samita，感谢他们的支持。我也要借此机会感谢我的朋友和同事，感谢他们帮助我在职业上成长。

前　言

　　深度学习是基于多层神经网络的机器学习的一个子集，可以解决自然语言处理和图像分类等领域中特别困难和大规模的问题。本书解析了技术和分析部分的复杂性，以及在 Apache Spark 上实施深度学习解决方案的速度。

　　本书首先介绍了 Apache Spark 和深度学习的基本架构（如何设置用于深度学习的 Spark、分布式建模的原理及不同类型的神经网络）；然后在 Spark 上实现一些深度学习模型，如 CNN、RNN 和 LSTM。读者将从中获得所需要的实践经验，并对他们正在处理的复杂性事件有一个总体的理解。在本书编写过程中，将使用流行的深度学习框架实现和训练分布式模型，如 DL4J（大部分）、Keras 和 TensorFlow。

　　本书有以下几个任务：

- ❧ 创建一个实践指南实现 Scala（在某些情况下，也包括 Python）的扩展和性能的深度学习解决方案。
- ❧ 通过一些代码示例让读者对使用 Spark 更有信心。
- ❧ 解释如何针对特定的深度学习问题或场景选择最佳的解决模型。

本书适合对象

　　如果你是 Scala 开发人员、数据科学家或数据分析师，想要学习如何使用 Spark 实现高效的深度学习模型，那么这本书就是为你准备的。另外，如果了解机器学习的核心概念并有一定的 Spark 使用经验将会帮助你更好地学习本书。

本书内容

第 1 章　Apache Spark 生态系统，对 Apache Spark 模块及其不同的部署方式进行全面概述。

第 2 章　深度学习基础，介绍深度学习的基础概念。

第 3 章　提取、转换和加载，介绍 DL4J 框架并提供了一些不同来源的训练数据的 ETL 示例。

第 4 章　数据流，提供了一些使用 Spark 和 DL4J DataVec 的数据流示例。

第 5 章　卷积神经网络，通过 DL4J 深入了解卷积神经网络（CNN）背后的理论及模型实现。

第 6 章　循环神经网络，通过 DL4J 深入了解循环神经网络（RNN）背后的理论及模型实现。

第 7 章　使用 Spark 训练神经网络，说明如何使用 DL4J 和 Spark 训练 CNN 和 RNN。

第 8 章　监控与调试神经网络的训练，通过 DL4J 提供的设备来监控和调整训练时的神经网络。

第 9 章　神经网络评估，介绍一些评估模型准确性的技术。

第 10 章　在分布式系统上部署，讨论在配置 Spark 集群时需要考虑的一些事项，以及在 DL4J 中导入和运行预先训练过的 Python 模型的可能性。

第 11 章　NLP 基础，介绍 NLP（自然语言处理）的核心概念。

第 12 章　文本分析和深度学习，介绍使用 DL4J、Keras 和 TensorFlow 实现 NLP 的一些示例。

第 13 章　卷积，介绍关于卷积和对象识别的策略。

第 14 章　图像分类，完整实现一个端到端的图像识别 Web 应用程序。

第 15 章　深度学习的下一步是什么，尝试给出一个关于深度学习未来发展的概述。

从本书中获得最大的收获

为了更好地理解本书实践操作的主题，读者最好具备 Scala 编程语言的基本知识。另外，具备一定的机器学习基础知识也将有助于更好地理解深度学习理论。读者不需要具有 Apache Spark 的初步知识或经验，因为在第 1 章介绍了关于 Spark 生态系统的所有主题。只有在理解可导入 DL4J 的 Keras 和 TensorFlow 模型时，才需要读者具有很好的 Python 知识。

为了成功构建和执行本书中的代码示例，需要安装 Scala 2.11.x、Java 8、Apache Maven 和你选用的 IDE。

本书示例代码文件和彩色图片的下载方式

本书的代码和彩色图片已经上传至 GitHub，网址为 https://github.com/PacktPublishing/Hands-On-Deep-Learning-with-Apache-Spark。

如果代码有更新，将在目前的 GitHub 上进行更新。

在 GitHub 上还有丰富的来自我们其他可用书籍的视频和代码库，需要的读者可以在 https://github.com/PacktPublishing/网站中获取。

读者也可使用手机微信扫一扫功能扫描下方的二维码，或者在微信公众号中搜索"人人都是程序猿"，关注后输入 Py9985，即可获取本书代码包和图片资源链接，根据提示下载即可。

保持联系

有关本书的反馈，请发送电子邮件至 zhiboshangshu@163.com 并在邮件主题中注明本书书名，我们会尽快处理。你可以加入读者交流群 762769072，与其他读者一起学习交流。

编　者

目　录

第 1 章

Apache Spark 生态系统

    Apache Spark 是一个开源的快速集群计算环境。它最初是由加州大学伯克利分校的 AMP 实验室设计的，之后它的源代码被捐赠给了 Apache 软件基金会。Spark 拥有非常快的计算速度，因为数据通过集群被加载到了分布式内存（RAM）中，所以数据不仅可以被快速转换，还可以根据各种实例的需求进行缓存。与 Hadoop 相比，在 MapReduce 时，数据放入内存时的程序运行速度提高了 100 倍，数据放入硬盘时的程序运行速度提高了 10 倍。Spark 支持 4 种编程语言：Java、Scala、Python 和 R。本书仅涉及了 Scala 的 Spark 和 Python 的 Spark 的 API（以及深度学习框架）。

本章主要包含以下内容：

- Apache Spark 基础知识。
- 安装 Spark。
- **弹性分布式数据集（RDD）编程。**
- Spark SQL、数据集和数据框。
- Spark 流。
- 使用不同管理器的集群模式。

1.1　Apache Spark 基础知识

　　本节主要介绍 Apache Spark 的基础知识。在继续下一章的学习之前，掌握本章所介绍的常见 API 是十分重要的。

　　正如本章引言中所描述的，Spark 引擎是在跨集群节点的分布式内存中处理数据的。典型的 Spark 作业（job）在处理信息时的逻辑结构如图 1-1 所示。

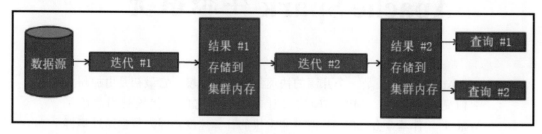

图 1-1　逻辑结构图

Spark 作业的处理流程如图 1-2 所示。

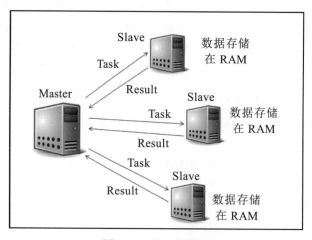

图 1-2　处理流程图

　　Master 负责数据的分区方式和在利用数据本地性的同时追踪 Slave 机器上的分布式数据计算状态。如果某台运行中的 Slave 机器突然不可用，那么这台机器上的数据将会在另一台或一些可用机器上进行重建。如果在独立模式下，Master 则存在单点故障的风险。本章 1.6 节中介绍了一些实际中可能使用的运行模式并阐述了 Spark 中的容错功能。

　　Spark 主要有五大组件，如图 1-3 所示。

Spark SQL
Spark流
MLlib（机器学习）
GraphX（图形）
Apache Spark

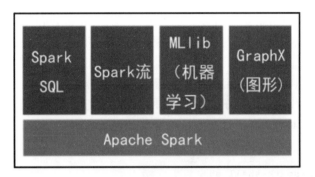

图 1-3　Spark 五大组件

这些组件的功能如下。

- Apache Spark：核心引擎。
- Spark SQL 数据库：对结构化数据进行处理的模块。
- Spark 流：扩展了 Spark 核心的 API。它允许实时数据流的处理。其优势包括可扩展性、高吞吐量和容错性。
- MLlib：Spark 机器学习库。
- GraphX：对图形并行计算的算法。

Spark 可以访问存储在不同系统中的数据，如 HDFS、Cassandra 和 MongoBD；还可以访问关系数据库和云存储服务，如 Amazon S3 和 Azure 数据库存储。

1.2　安装 Spark

首先应安装 Spark，之后便可以开始更深入地研究核心 API 和实现库。本书中的所有章节都基于 Spark 2.2.1 版本，但是有些例子也适用于发行版 2.0 之后的版本。对于使用 2.2 之后版本的示例，本书将会特别作出标记。

首先，需要从官方渠道下载 Spark（`https://spark.apache.org/downloads.html`）。下载页面如图 1-4 所示。

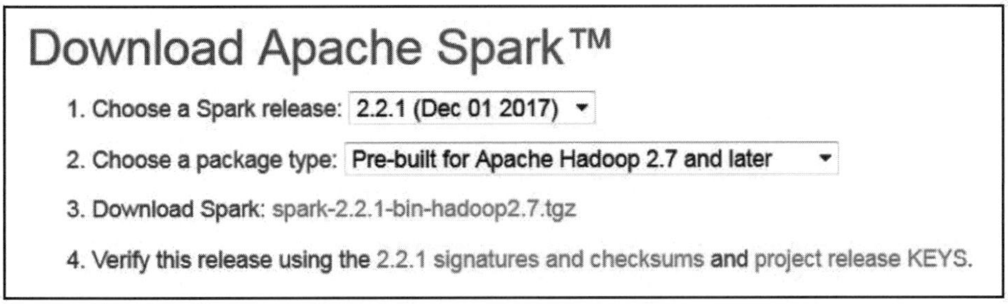

Download Apache Spark™
1. Choose a Spark release: 2.2.1 (Dec 01 2017)
2. Choose a package type: Pre-built for Apache Hadoop 2.7 and later
3. Download Spark: spark-2.2.1-bin-hadoop2.7.tgz
4. Verify this release using the 2.2.1 signatures and checksums and project release KEYS.

图 1-4　Spark 下载页面

若需要使用 Java 或 Python 语言开发，必须安装 JDK 1.8 和 Python 2.7 或 Python 3.4 及以上版本。Spark 2.2.1 支持 Scala 2.11。JDK 必须添加进系统环境变量，或者创建 JAVA_HOME 环境变量指向 JDK 的安装位置。

将下载的文件解压到本地任意目录中，然后移动至 $SPARK_HOME/bin 目录，这里面有一些可执行程序，其中可以找到一些用于与 Scala 和 Python 进行交互的 Spark shell，它们是熟悉这个框架的最佳途径。在本章，会通过一些示例介绍如何使用这些 shell。

使用以下命令运行一个 Scala shell：

```
$SPARK_HOME/bin/spark-shell.sh
```

如果不指定参数，Spark 将默认运行本地独立模式。控制台将会输出以下内容：

```
Spark context Web UI available at http://10.72.0.2:4040
Spark context available as 'sc' (master = local[*], app id =
local-1518131682342).
Spark session available as 'spark'.
Welcome to
```

```
                                        version 2.2.1

Using Scala version 2.11.8 (Java HotSpot(TM) 64-Bit Server VM, Java
1.8.0_91)
Type in expressions to have them evaluated.
Type :help for more information.
scala>
```

通过 http://<host>:4040 URL 可以访问 Web UI 界面。界面如图 1-5 所示。

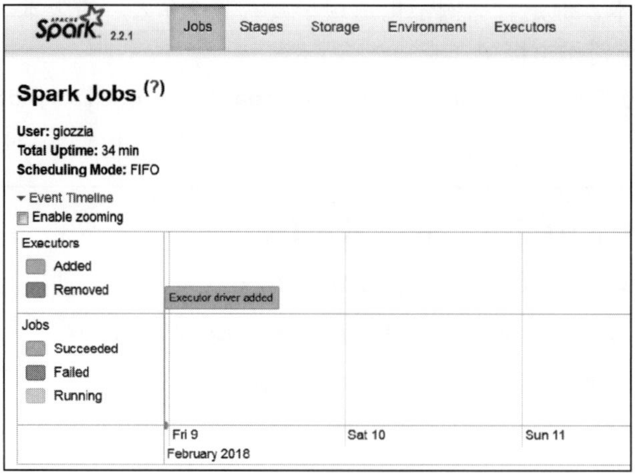

图 1-5　Spark 界面

在这个界面，可以查看作业和程序的状态。

在启动控制台的输出中需要注意，变量 sc 和 spark 状态应是可用的。sc 表示 SparkContext（http://spark.apache.org/docs/latest/api/scala/index.html#org.apache.spark.SparkContext），在 Spark 2.0 以下的版本中，它是每个应用程序的入口。通过 Spark Context（和它的各种特性），可以从数据源获取数据、创建和操作 RDD（http://spark.apache.org/docs/latest/api/scala/index.html#org.apache.spark.rdd.RDD），在 Spark 2.0 之前的版本可以得到 Spark 主抽象。在 1.3 节中将会详细介绍这个主题和其他操作。从 Spark 2.0 版本开始，引入了一个新概念 SparkSession（http://spark.apache.org/docs/latest/api/scala/index.html#org.apache.spark.sql.SparkSession）和一种新的主数据抽象数据集（http://spark.apache.org/docs/latest/api/scala/index.html#org.apache.spark.sql.Dataset）。更多详细信息将会在下面介绍。SparkContext 仍然是 Spark API 的一部分，虽然当前架构的兼容性不支持 SparkSession，但是将开发转移至 SparkSession 是目前项目的发展方向。

下面这个示例展示了如何读取和操作一个文本文件并使用 Spark shell 将它放入一个数据集（本示例中所使用的文件来源于 Spark 发行版中携带的示例文件）。

```
scala>
spark.read.textFile("/usr/spark-2.2.1/examples/src/main/resources/people. txt")
res5: org.apache.spark.sql.Dataset[String] = [value: string]
```

这个结果是一个包含了文件行的数据集实例。可以在数据集中进行一些操作，如计算行数：

```
scala> res5.count()
res6: Long = 3
```

还可以获取数据集中的第一行内容：

```
scala> res5.first()
res7: String = Michael, 29
```

在本例中，使用的路径是本地文件系统。这种情况下，此文件应该允许所有的工作人员通过同样的路径访问，因此需要将文件复制到所有工作人员都可以访问的网络上的共享文件系统。

可以通过以下命令关闭一个 shell：

```
:quit
```

还可以通过以下命令查询所有可用的 shell 命令清单：

```
scala> :help
```

所有命令都可以被简写，如可以使用:he 代替:help。

一些常用的命令见表 1-1。

表 1-1　Spark shell 常用命令

命　　令	作　　用
:edit <id>|<line>	编辑历史记录
:help [command]	查询概要或特定命令的帮助选项
:history [num]	显示历史记录（可选项 num 是想要显示的命令）
:h? <string>	搜索历史记录
:imports [name name ...]	导入历史记录和定义名称来源
:implicits [-v]	显示范围内的隐式
:javap <path|class>	反编译一个文件或类名
:line <id>|<line>	将指定行放在历史记录的末尾
:load <path>	通过解释器解释指定文件中的代码
:paste [-raw] [path]	进入粘贴模式或粘贴一个文件
:power	进入超级用户模式
:quit	退出解释器
:replay [options]	重置 repl 并重播之前所有的命令
:require <path>	添加一个 jar 到之前的类路径
:reset [options]	重置 repl 至其初始状态，忽略所有当前会话条目
:save <path>	保存可重播的会话到指定文件
:sh <command line>	运行一个 shell 命令（结果是隐式的=>List[String]）
:settings <options>	尝试更新编译器的选项。见 reset 命令
:silent	禁用或启用，自动输出结果
:type [-v] <expr>	显示未评估的表达式类型
:kind [-v] <expr>	显示表达式
:warnings	显示最近命令行的所有已隐藏警告

与 Scala 类似，Python 也有一个可互动的 shell，可以使用以下命令运行：

```
$SPARK_HOME/bin/pyspark.sh
```

一个名为 spark 的内置变量表示 SparkSession 的可用性，在 Scala shell 中也可以做同样的事情。例如：

```
>>> textFileDf =
spark.read.text("/usr/spark-2.2.1/examples/src/main/resources/people.txt")
```

```
>>> textFileDf.count()
3
>>> textFileDf.first()
Row(value='Michael, 29')
```

Python 相较于 Java 和 Scala，更具动态性且不是强类型语言。所以，DataSet 在 Python 中为 DataSet[Row]，也可以称之为数据框，在概念上与 Pandas 框架中的数据框一致（https://pandas.pydata.org/）。

通过以下命令关闭 Python shell：

```
quit()
```

交互式 shell 不是在 Spark 中运行代码的唯一选择。也可以通过自足式应用程序实现这样的功能。下面是一个在 Scala 中运行和操作文件的例子：

```
import org.apache.spark.sql.SparkSession

object SimpleApp {
    def main(args: Array[String]) {
        val logFile = "/usr/spark-2.2.1/examples/src/main/resources/people.txt"
        val spark = SparkSession.builder.master("local").appName("Simple
Application").getOrCreate()
        val logData = spark.read.textFile(logFile).cache()
        val numAs = logData.filter(line => line.contains("a")).count()
        val numBs = logData.filter(line => line.contains("b")).count()
        println(s"Lines with a: $numAs, Lines with b: $numBs")
        spark.stop()
    }
}
```

应用程序应该定义一个 main() 方法而不是扩展 scala.App。注意创建 SparkSession 时的代码：

```
val spark = SparkSession.builder.master("local").appName("Simple Application").getOrCreate()
```

它遵循建造者工厂设计模式。

在关闭程序之前，需明确关闭会话。可以通过以下命令实现：

```
spark.stop()
```

在构建应用程序时，可以自己选择构建工具（如 Maven、sbt 或 Gradle），并从 Spark 2.2.1 和 Scala 2.11 中添加依赖项。一旦生成 JAR 文件，可以通过 $SPARK_HOME/bin/spark-submit 命令执行它，并可以指定 JAR 文件名、Spark 主 URL 和一些可选参数，包括作业名、主类、每个执行者可占用的最大内存等其他可选项。

同样地，自足式应用程序也可以在 Python 中实现：

```
from pyspark.sql import SparkSession

logFile = "YOUR_SPARK_HOME/README.md" # Should be some file on your system
spark =
SparkSession.builder().appName(appName).master(master).getOrCreate()
logData = spark.read.text(logFile).cache()

numAs = logData.filter(logData.value.contains('a')).count()
numBs = logData.filter(logData.value.contains('b')).count()

print("Lines with a: %i, lines with b: %i" % (numAs, numBs))

spark.stop()
```

它也可以通过命令$SPARK_HOME/bin/spark-submit 将代码保存在.py 文件中并提交。

1.3 RDD 编程

一般来说，每个 Spark 应用在逻辑上都是一个驱动程序。它运行已为其实现的逻辑，并在集群上执行并行操作。根据之前的定义，RDD 是核心 Spark 提供的主要抽象。它是在集群中不同机器分区之间的一个不可变的分布式数据集。

RDD 有两种类型的操作：

● 转换。

● 动作。

转换（transformation)是对一个 RDD 进行操作从而产生另一个 RDD，而动作（action）则是触发计算，然后将结果返回至主节点或者保存至存储系统。转换通常是被动的，只有动作被调用时才会执行。这也是 Spark 的优势，Spark 主节点及其驱动程序都知道转换已经被应用于某个 RDD，所以即使分区丢失（如一个 Slave 宕机），它也可以很容易地在集群的其他节点上重建。

Spark 支持的一些常见转换见表 1-2。

表 1-2　Spark 支持的常见转换

转　　换	作　　用
map(func)	映射：源 RDD 中的每个元素经过 func 函数处理后，返回至这个新的 RDD
flatMap(func)	扁平映射：与 map 相似，不同之处在于每个输入项可以映射于 0 个或者多个输出项（若应用了 func 函数则会返回一个 Seq）
filter(func)	过滤：由 func 函数对源 RDD 的元素进行筛选，只保留符合条件 true 的元素，返回这个新的 RDD
union(otherRdd)	并集：将源 RDD 中的元素与 otherRdd 进行并集，返回这个新的 RDD

转 换	作 用
distinct([numPartitions])	去重：去掉源 RDD 中的重复元素，新 RDD 中不包含重复元素，返回这个新的 RDD
groupByKey ([numPartitions])	根据键分组：在调用 RDD(K,V)时，它会按照相同的键 K 进行分组，返回 RDD(K,Iterable<V>)。默认情况下 RDD 中并行数量取决于 RDD 的分区数，可选项 numPartitions 参数可以设置不同的并行数
reduceByKey(func, [numPartitions])	根据键简化：在调用 RDD(K,V)时，对键 K 相同的元素进行合并，其 func 类型为(V,V)=>V。多个键相同的元素计算为一个值并与源 RDD 中的键配对成为新的 RDD。与 groupByKey 相同，可选项 numPartitions 参数可以设置不同的并行数
sortByKey([ascending], [numPartitions])	根据键排序：在调用 RDD(K,V)时，它返回的 RDD 是依照键 K 的升序或降序排列的，ascending 通过布尔值进行指定，true 为升序，false 为降序。第二个参数 numPartitions 可以指定并行数
join(otherRdd, [numPartitions])	连接：在调用 RDD(K,V)和 RDD(K,W)时，根据键 K 每个元素进行配对，返回 RDD（K,(V,W)），只返回左右都可以匹配上的内容。也可以进行以左为基准的连接 leftOuterJoin，以右为基准的连接 rightOuterJoin 和完全连接 fullOuterJoin，这些返回值中有记录的返回为 Some(x)，没有记录的返回为 None。第二个参数 numPartitions 可以指定并行数

Spark 支持的一些常见动作见表 1-3。

表 1-3　Spark 支持的常见动作

动 作	作 用
reduce(func)	简化：通过给定的函数 func 计算 RDD 中的元素（需要输入两个参数并返回一个）。为了保证并行计算的准确性，reduce 函数的 func 必须满足交换律与结合律
collect()	封装 RDD 中的所有元素作为数组返回给驱动
count()	返回此 RDD 中元素的总个数
first()	返回 RDD 中的第一个元素
take(n)	返回一个包含 RDD 中前 n 个元素的数组
foreach(func)	在 RDD 中的每个元素上都执行 func 函数
saveAsTextFile(path)	将 RDD 中的元素转换成文本并写入文本文件，保存到本地文件系统指定的路径（通过 path 路径参数指定的绝对位置）、HDFS 或者其他 Hadoop 支持的文件系统。仅适用于 Scala 和 Java
countByKey()	此动作仅可以用在类型为(K,V)的 RDD 上，其返回一个 hashmap(K, Int)，K 是源 RDD 的键，它的值 V 是 K 在源 RDD 中的个数

现在让我们通过一个例子来理解转换和动作的概念。下面这个例子在 Scala shell 中运行，目的是找出文本文件中出现频率最高的单词，这个问题的解决思路如图 1-6 所示。

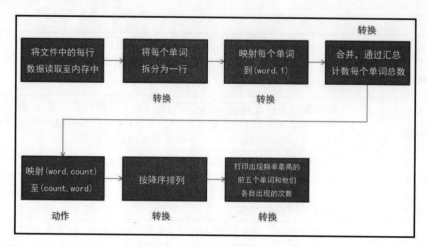

图 1-6　转换和动作的概念

接下来将以上步骤翻译为代码。

首先，将文本文件的内容加载为 RDD 的字符串：

```
scala> val spiderman = sc.textFile("/usr/spark-2.2.1/tests/spiderman.txt")
spiderman: org.apache.spark.rdd.RDD[String] =
/usr/spark-2.2.1/tests/spiderman.txt MapPartitionsRDD[1] at textFile at<console>:24
```

然后执行必要的转换和动作：

```
scala> val topWordCount = spiderman.flatMap(str=>str.split("")).filter (!_.isEmpty).
map(word=>(word,1)).reduceByKey(_+_).map{case(word,count) => (count, word)}.
sortByKey(false)
    topWordCount: org.apache.spark.rdd.RDD[(Int, String)] = ShuffledRDD[9] at
sortByKey at <console>:26
```

至此，执行了如下操作：

- **flatMap(str=>str.split(" "))**：将每个单词分配为一行。
- **filter(!_.isEmpty)**：移除空的字符。
- **map(word=>(word,1))**：将每个单词映射为键值对。
- **reduceByKey(_+_)**：汇总计数。
- **map{case(word, count) => (count, word)}**：反转(word,count)为(count,word)。
- **sortByKey(false)**：按降序排列。

最后，将文本中出现频率最高的五个单词输出到控制台：

```
scala> topWordCount.take(5).foreach(x=>println(x))
(34,the)
(28,and)
(19,of)
(19,in)
```

```
(16,Spider-Man)
```

在 Python 中可以通过以下方式达到相同的目的：

```python
from operator import add
spiderman = spark.read.text("/usr/spark-2.2.1/tests/spiderman.txt")
lines = spiderman.rdd.map(lambda r: r[0])
counts = lines.flatMap(lambda x: x.split(' ')) \
                .map(lambda x: (x, 1)) \
                .reduceByKey(add) \
                .map(lambda x: (x[1],x[0])) \
                .sortByKey(False)
```

最终结果与 Scala 的示例相同：

```
>> counts.take(5)
[(34, 'the'), (28, 'and'), (19, 'in'), (19, 'of'), (16, 'Spider-Man')]
```

Spark 可以在执行操作的同时将 RDD 持久化到内存上（数据集也可以），持久化 Persist 和缓存 Cache 在 Spark 中是同义词。当持久化一个 RDD 时，集群上的每个节点将需要计算的 RDD 分区存储在内存中，并且在之后的动作里再次使用相同的 RDD（或通过一些转换从中派生的 RDD）。这也就是为什么之后的动作会执行得更快。可以用 persist()方法将 RDD 标记为持久化。当动作第一次被执行时，它将会被保存至集群节点的内存中。Spark 的缓存具有容错性，即使出于某种原因，一个 RDD 的所有分区全部丢失了，也可以通过转换自动地重新计算并重建。一个 RDD 可以使用不同的存储级别（storage level）进行持久化。可以通过将 StorageLevel 对象传递给 persist()的方法设置存储级别。存储级别和它们的作用见表 1-4。

表 1-4　存储级别及其作用

存储级别	作　　用
MEMORY_ONLY	默认的存储级别。将 RDD 以非序列化的 Java 对象存储在内存中。在内存无法满足存储 RDD 条件的情况下，它的某些分区不会被缓存，当需要的时候会即时地重新计算
MEMORY_AND_DISK	将 RDD 以非序列化的 Java 对象存储在内存中。在内存无法满足存储 RDD 条件的情况下（如内存不足），它的某些分区会被存储在磁盘上（这是与 MEMORY_ONLY 的主要不同点），当需要的时候会从磁盘上读取它们
MEMORY_ONLY_SER	将 RDD 以序列化的 Java 对象进行存储。相比 MEMORY_ONLY 而言，更节省空间，但是在读取的时候会占用更多的 CPU。仅适用于 JVM 语言
MEMORY_AND_DISK_SER	与 MEMORY_ONLY_SER 类似（将 RDD 存储为序列化的 Java 对象），主要区别在于无法存储到内存的分区（如内存不足）会被存储到磁盘（溢写）。仅适用于 JVM 语言
DISK_ONLY	将 RDD 分区存储在磁盘上

续表

存储级别	作　用
MEMORY_ONLY_2, MEMORY_AND_DISK_2 等	与前两个级别相同（MEMORY_ONLY 和 MEMORY_AND_DISK），只是每个分区都会备份在两个节点上
OFF_HEAP	与 MEMORY_ONLY_SER 类似，但是它存储在堆外内存（假设启用了堆外内存 off-heap）。需谨慎使用此存储级别，仍处于试验阶段

当一个函数被传递给 Spark 操作时，这个函数将会使用拥有所有变量的独立副本，这些副本被执行于远程集群节点上。完成后，变量将被复制到每台机器上。当这些变量传播回驱动程序时，在远程机器上将不会再更新它们。对于跨任务的读写共享变量，这种方式是低效的。但是，Spark 为两种常见的用法提供了两种有限类型的共享变量——广播变量和累加器。

在 Spark 编程中，最常见的操作之一就是通过给定的键执行连接命令给 RDD 合并数据。在这种情况下，很有可能有大量的数据集被发送到周围的从属节点，而且需要连接到主机的分区。这种情况将会导致巨大的性能瓶颈，因为网络的 I/O 速度仅是 RAM 的 1/100。为了减轻这个问题，Spark 提供了广播变量，可以广播至从属节点。节点上的 RDD 可以快速访问广播变量的值。Spark 还尝试使用分布式广播变量，通过使用高效的广播算法降低通信成本。广播变量通过调用 SparkContext.broadcast(v)的方法创建变量 v。广播变量就是 v 的封装，它的值可以通过调用 value 的方法获得。接下来是一个 Scala 中的示例，你可以通过运行 Spark shell 练习：

```
scala> val broadcastVar = sc.broadcast(Array(1, 2, 3))
broadcastVar: org.apache.spark.broadcast.Broadcast[Array[Int]] =
Broadcast(0)

scala> broadcastVar.value
res0: Array[Int] = Array(1, 2, 3)
```

创建完成后，广播变量 broadcastVar 可以被用于任何在集群上运行的函数，但不能使用初始值 v，这是为了防止 v 被多次发送到各个节点。为了确保所有的节点收到的广播变量的值一致，当 broadcastVar 被广播后，不可以再编辑 v。

在 Python 中实现相同示例的代码如下：

```
>>> broadcastVar = sc.broadcast([1, 2, 3])
<pyspark.broadcast.Broadcast object at 0x102789f10>
>>> broadcastVar.value
[1, 2, 3]
```

为了从 Spark 集群中通过各执行器汇总信息，累加器变量 accumulator 是不可或缺的。事实上，它们通过结合和交换的运算方式确保在并行计算中获得有效的支持。Spark 自身提供一些数值类型的累加器,它们可以通过 SparkContext.longAccumulator()（用于累加类型为 Long 的值）或者 SparkContext.doubleAccumulator()（用于累加类型为 Double 的值）方法调用。也可以通过编程的方式添加对其他类型的支持。任何在集群上运行的任务都可以通过 add 方法添加到累加器中，但无法读取它的值。只有驱动程序可以通过使用 value 方法获取到累加器的值。

下面是一个 Scala 中的示例：

```
scala> val accum = sc.longAccumulator("First Long Accumulator")
accum: org.apache.spark.util.LongAccumulator = LongAccumulator(id: 0, name:
Some
(First Long Accumulator), value: 0)

scala> sc.parallelize(Array(1, 2, 3, 4)).foreach(x => accum.add(x))
[Stage 0:> (0 + 0)
/ 8]

scala> accum.value
res1: Long = 10
```

在这个例子中，创建了一个累加器并为其指定一个名字。也可以创建未命名的累加器，但是被命名后在修改累加器阶段中可以在 Web UI 中显示，如图 1-7 所示。

Accumulators

Accumulable	Value
First Long Accumulator	10

Tasks (8)

Index ▲	ID	Attempt	Status	Locality Level	Executor ID / Host	Launch Time	Duration	GC Time	Accumulators	Errors
0	0	0	SUCCESS	PROCESS_LOCAL	driver / localhost	2018/02/20 22:35:13	25 ms			
1	1	0	SUCCESS	PROCESS_LOCAL	driver / localhost	2018/02/20 22:35:13	22 ms		First Long Accumulator: 1	
2	2	0	SUCCESS	PROCESS_LOCAL	driver / localhost	2018/02/20 22:35:13	32 ms			
3	3	0	SUCCESS	PROCESS_LOCAL	driver / localhost	2018/02/20 22:35:13	25 ms		First Long Accumulator: 2	
4	4	0	SUCCESS	PROCESS_LOCAL	driver / localhost	2018/02/20 22:35:13	25 ms			
5	5	0	SUCCESS	PROCESS_LOCAL	driver / localhost	2018/02/20 22:35:13	27 ms		First Long Accumulator: 3	
6	6	0	SUCCESS	PROCESS_LOCAL	driver / localhost	2018/02/20 22:35:13	24 ms			
7	7	0	SUCCESS	PROCESS_LOCAL	driver / localhost	2018/02/20 22:35:13	24 ms		First Long Accumulator: 4	

图 1-7　Web UI

这有助于理解运行阶段的各过程。

同样，在 Python 中实现相同示例的代码如下：

```
>>> accum = sc.accumulator(0)
>>> accum
Accumulator<id=0, value=0>

>>> sc.parallelize([1, 2, 3, 4]).foreach(lambda x: accum.add(x))
>>> accum.value
10
```

Python 不支持在 Web UI 中显示累加器状态。

请注意，Spark 保证仅在执行任务时更新累加器。当重启一个任务时，累加器只会被更新一次，而转换则与此不同。

1.4　Spark SQL、数据集和数据框

Spark SQL 是用来处理结构化数据的 Spark 模块。这个 API 与 RDD API 的主要区别在于，Spark SQL 提供了更多数据层面和计算层面的结构化信息。这些外部信息在 Spark 内部通过 Catalyst 优化引擎增加额外的优化，和执行引擎一样，不涉及使用的是何种 API 或编程语言。

Spark SQL 通常被用于执行 SQL 查询（即使这不是它唯一的用途）。无论如何，Spark 支持用编程语言封装 SQL 代码并执行，查询结果将会返回一个数据集 Dataset。数据集是分布式的数据集合，从 Spark 1.6 版本开始作为接口加入。它结合了 RDD 的优势（如强类型和应用 lambda 函数的能力）和 Spark SQL 执行引擎的优化（Catalyst，https://databricks.com/blog/2015/04/13/deep-dive-into-spark-sqls-catalyst-optimizer.html）。你可以使用 Java 或 Scala 对象先构建一个数据集，然后通过常用的函数转换来操作它。在 Scala 和 Java 中可以使用数据集的 API，而 Python 目前还不支持它。但是由于这种编程语言的动态特性，它已经可以使用很多数据集 API 所具备的功能。从 Spark 2.0 开始，数据框和数据集接口就被合并到了数据集 API 中，因此，DataFrame 是一个被整合为已命名列的数据集，概念上等同于 RDBMS 中的一张表，但是它在后台有更好的优化（因为 Catalyst 优化引擎是数据集 API 的一部分，所以也工作于数据框的后台）。在构造数据框时，可以采用多种来源的数据，如结构化数据文件、Hive 表、数据框表和 RDD 等。与数据集接口不同，数据框接口支持任意一种编程语言，因为它是由 Spark 提供的。

为了更好地理解 Spark SQL 的概念，接下来开始动手实践。首先是一个基于 Scala 的完整示例。开始运行一个 Scala Spark shell 并执行以下交互命令。

使用 people.json 作为一个数据源。此例所用的数据源文件是一个多行数据集，可以用于创建数据框，它随 Spark 发行版一起提供（http://spark.apache.org/docs/latest/api/scala/index.html#org.apache.spark.sql.Row）：

```
val df = spark.read.json("/opt/spark/spark-2.2.1-bin-hadoop2.7/examples/src/main/
resources/people.json")
```

可以将数据框的内容输出到控制台，以确认它是否符合预期：

```
scala> df.show()
+----+-------+
| age|  name |
+----+-------+
|null|Michael|
| 30 | Andy  |
| 19 |Justin |
+----+-------+
```

需要先导入隐式转换（如将 RDD 转换为 DataFrame）并使用$表示法，再执行 DataFrame 操作：

```
import spark.implicits._
```

现在，可以以树形格式输出 DataFrame 模式：

```
scala> df.printSchema()
root
  |-- age: long (nullable = true)
  |-- name: string (nullable = true)
```

选择一个列（如 name）：

```
scala> df.select("name").show()
+-------+
|  name |
+-------+
|Michael|
|  Andy |
| Justin|
+-------+
```

过滤数据：

```
scala> df.filter($"age" > 27).show()
+---+----+
|age|name|
+---+----+
| 30|Andy|
+---+----+
```

添加一个 groupBy 语句：

```
scala> df.groupBy("age").count().show()
+----+-----+
| age|count|
+----+-----+
| 19 |  1  |
|null|  1  |
| 30 |  1  |
+----+-----+
```

选择所有行并使数字字段增加：

```
scala> df.select($"name", $"age" + 1).show()
+-------+---------+
|  name |(age + 1)|
+-------+---------+
|Michael|   null  |
```

```
| Andy  |     31  |
| Justin|     20  |
+-------+---------+
```

也可以使用 SparkSession 的 sql 函数以编程的方式查询 SQL。这个函数会给 Scala 返回一个 Dataset[Row]作为数据框中的查询结果。同样使用与之前示例一样的数据框：

```
val df = spark.read.json("/opt/spark/spark-2.2.1-binhadoop2.7/
examples/src/main/resources/people.json")
```

可以将它注册为 SQL 临时视图：

```
df.createOrReplaceTempView("people")
```

然后，可以在这里执行 SQL 查询：

```
scala> val sqlDF = spark.sql("SELECT * FROM people")
sqlDF: org.apache.spark.sql.DataFrame = [age: bigint, name: string]
scala> sqlDF.show()
+----+-------+
| age|  name |
+----+-------+
|null|Michael|
| 30|  Andy |
| 19| Justin |
+----+-------+
```

在 Python 中也可以完成相同的操作：

```
>>> df = spark.read.json("/opt/spark/spark-2.2.1-binhadoop2.7/
examples/src/main/resources/people.json")
```

结果如下：

```
>> df.show()
+----+-------+
| age|  name |
+----+-------+
|null|Michael|
| 30|  Andy |
| 19| Justin |
+----+-------+

>>> df.printSchema()
root
 |-- age: long (nullable = true)
 |-- name: string (nullable = true)
```

```
>>> df.select("name").show()
+-------+
|  name |
+-------+
|Michael|
|  Andy |
| Justin|
+-------+

>>> df.filter(df['age'] > 21).show()
+---+----+
|age|name|
+---+----+
| 30|Andy|
+---+----+

>>> df.groupBy("age").count().show()
+----+-----+
| age|count|
+----+-----+
| 19|   1 |
|null|   1 |
| 30|   1 |
+----+-----+

>>> df.select(df['name'], df['age'] + 1).show()
+-------+---------+
|  name |(age + 1)|
+-------+---------+
|Michael|   null  |
|  Andy |   31    |
| Justin|   20    |
+-------+---------+

>>> df.createOrReplaceTempView("people")
>>> sqlDF = spark.sql("SELECT * FROM people")
>>> sqlDF.show()
+----+-------+
|age | name  |
+----+-------+
|null|Michael|
| 30 | Andy  |
| 19 | Justin|
+----+-------+
```

Spark SQL 和数据集的其他功能（数据源、汇总和独立程序等）将在第 3 章中介绍。

1.5　Spark 流

　　Spark 流是 Spark 核心 API 的另一个扩展模块，它提供了一种可扩展、容错且高效的方式来处理实时流数据。通过将数据流转换为 micro（微）批量，Spark 简单批量编程模型也可以被应用于数据流的案例中。这种统一的编程模型，可以轻松地将批量和交互式数据处理与实时流技术结合在一起。它支持多种数据来源的输入（如 Kafka、Kinesis、TCP 套接字、S3 或 HDFS 等），以及来自它们的数据，且可以使用 Spark 提供的任何高级功能进行处理。最后，处理完的数据可以被持久化到 RDBMS、NoSQL 数据框、HDFS、对象存储系统等，或者通过实时仪表盘使用。没有什么能阻止 Spark 将其他高级组件（如 MLlib 或 GraphX）应用于数据流，如图 1-8 所示。

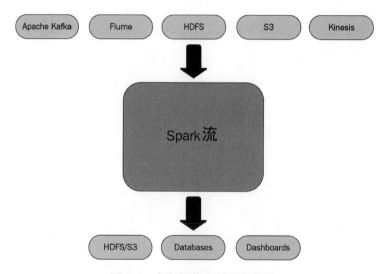

图 1-8　高级组件应用于数据流

　　Spark 流先接收实时输入的数据流并将其拆分批次，分批后的数据被 Spark 引擎处理，输出经过处理的各批次数据结果，如图 1-9 所示。

　　Spark 流的高级抽象是离散流（Discretized Stream，DStream），它是对连续的实时数据流的包装。在内部，一个离散流对应一组 RDD 序列。一个离散流中包含一个它所依赖的其他离散流列表，一个将其输入 RDD 转换为输出 RDD 的函数和一个用于调用的时间间隔函数。新的离散流是通过操作现有的离散流创建的，如映射 map 和过滤 filter 函数（分别在内部创建了 MappedDStreams 和 FilteredDStreams），或通过读取外部数据源（这种情况下，基类是 InputDStream）。

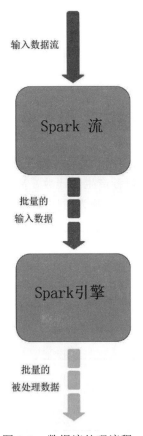

输入数据流

Spark 流

批量的
输入数据

Spark引擎

批量的
被处理数据

图 1-9　数据流处理流程

接下来通过一个简单的 Scala 示例来实现 Spark 流单词计数功能的独立应用。在发行版的 Spark 示例中可以找到它的类代码。为了能编译和打包它，还需要将 Spark 核心和 Scala 中 Spark 流的依赖项添加至 Maven、Gradle 或者 sbt 项目描述中。

首先，要创建 SparkConf 和 StreamingContext（处理任何数据流的主要入口）：

```
import org.apache.spark.SparkConf
import org.apache.spark.streaming.{Seconds, StreamingContext}
val sparkConf = new
SparkConf().setAppName("NetworkWordCount").setMaster("local[*]")
    val ssc = new StreamingContext(sparkConf, Seconds(1))
```

批量处理时间间隔设置为 1s。一个离散流表示来自 TCP 源的数据流被创建为 ssc 流文本；仅需要指定源的主机名、端口和所需的存储级别：

```
val lines = ssc.socketTextStream(args(0), args(1).toInt,
StorageLevel.MEMORY_AND_DISK_SER)
```

返回的行离散流是将要被服务器接收的数据流。每条记录都是一行文本，接下来需要将每行拆分成单个单词，所以我们将空格指定为分隔符：

```
val words = lines.flatMap(_.split(" "))
```

然后，计数这些得到的单词：

```
val words = lines.flatMap(_.split(" "))
    val wordCounts = words.map(x => (x, 1)).reduceByKey(_ + _)
wordCounts.print()
```

将词离散流映射到(word,1)的离散流，然后通过简化从批处理数据中获得单词的频率，如图 1-10 所示。最后一条命令是输出每秒产生的计数。离散流中的每个 RDD 都包含一定的时间间隔，在离散流上执行的任何操作都会转换为对底层 RDD 的操作。

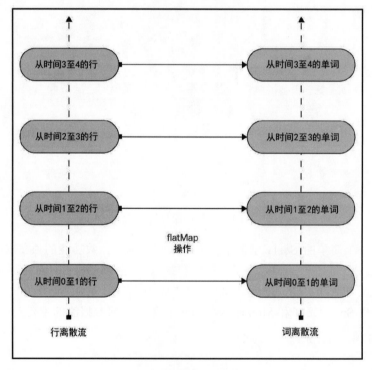

图 1-10   离散流的映射关系

在完成所有的转换后，通过以下命令开始处理过程：

```
ssc.start()
ssc.awaitTermination()
```

在运行示例代码前，首先要运行 netcat（在大多数 UNIX 系统中的一个小型实用程序）作为数据服务器：

```
nc -lk 9999
```

然后在另一个终端，可以通过输入以下参数内容开始运行：

```
localhost 9999
```

任何输入到终端并与 netcat 服务器一起运行的行，都将被计数并且以每秒一次的频率输出到应用程序的屏幕上。

无论此示例中的 nc 是否在系统中可用，都可以在 Scala 中建立自己的数据服务器：

```scala
import java.io.DataOutputStream
import java.net.{ServerSocket, Socket}
import java.util.Scanner

object SocketWriter {
    def main(args: Array[String]) {
        val listener = new ServerSocket(9999)
        val socket = listener.accept()
        val outputStream = new DataOutputStream(socket.getOutputStream())
        System.out.println("Start writing data. Enter close when finish");
        val sc = new Scanner(System.in)
        var str = ""
        /**
          * 从 scanner 中读取内容并写入 socket
          */
        while (!(str = sc.nextLine()).equals("close")) {
        outputStream.writeUTF(str);
        }
        //关闭连接
        outputStream.close()
        listener.close()
    }
}
```

Python 中也有同样的独立应用程序，如下所示：

```python
from __future__ import print_function

import sys

from pyspark import SparkContext
from pyspark.streaming import StreamingContext

    if __name__ == "__main__":
      if len(sys.argv) != 3:
          print("Usage: network_wordcount.py <hostname> <port>", file=sys.stderr)
      exit(-1)
    sc = SparkContext(appName="PythonStreamingNetworkWordCount")
    ssc = StreamingContext(sc, 1)
```

```
lines = ssc.socketTextStream(sys.argv[1], int(sys.argv[2]))
counts = lines.flatMap(lambda line: line.split(" "))\
              .map(lambda word: (word, 1))\
              .reduceByKey(lambda a, b: a+b)
counts.pprint()

ssc.start()
ssc.awaitTermination()
```

大多数可用于 RDD 的转换也适用于离散流，这意味着离散流也可以像 RDD 一样编辑输入的数据。表 1-5 中列出了一些常见的离散流转换。

表 1-5　常见的离散流转换

转　　换	作　　用
map(func)	映射：源离散流中的每个元素经过 func 函数处理后，返回一个新的离散流
flatMap(func)	扁平映射：与 map 相似，不同之处在于离散流的每个输入项可以映射于 0 个或者多个输出项
filter(func)	过滤：由 func 函数对源离散流的元素进行筛选，只保留符合条件 true 的元素，返回一个新的离散流
repartition(numPartitions)	通过创建不同的分区数量设置并行的级别
union(otherDStream)	并集：将源离散流中的元素与 otherDStream 进行并集，返回一个新的离散流
count()	计数：分别计数源离散流中的每个 RDD 所包含的元素数量，并生成多个单元素 RDD。返回由它们组成的新 DStream
reduce(func)	简化：汇总通过 func 函数（为了保证并行计算的准确性，必须是满足交换律与结合律的）计算后得到的各个单元素 RDD。返回由它们组成的新 DStream
countByValue()	返回一个新的 DStream(K, Long)，K 是源中元素的键。值是源中每个键在各 RDD 中出现的次数
reduceByKey(func, [numTasks])	返回一个新的 DStream(K, V)（来自源 DStream(K, V)的配对）。其中每个 K 的值都经过 func 函数进行简化汇总。并行任务数由默认的值转换进行分组（在本地模式中为 2，在集群模式中由 config 的 spark.default. parallelism 确定），也可以通过可选项 numTasks 参数设置
join(otherStream, [numTasks])	当调用两个 DStream(K, V)和 DStream (K, W)对时，返回一个新的 DStream(K, (V, W))
cogroup(otherStream, [numTasks])	当调用两个 DStream(K, V)和 DStream (K, W)对时，返回一个新的 DStream(K, Seq[V],Seq[W])元组
transform(func)	在源的每个 RDD 上应用一个 RDD-to-RDD 函数 func，返回一个新的 DStream

转　换	作　用
updateStateByKey(func)	通过对键的前一个状态和键的新值应用 func 函数更新键的状态，并返回一个新的状态的 DStream

Spark Streaming 还提供了窗口计算，它允许通过滑动窗口的方式对数据进行转换，如图 1-11 所示。

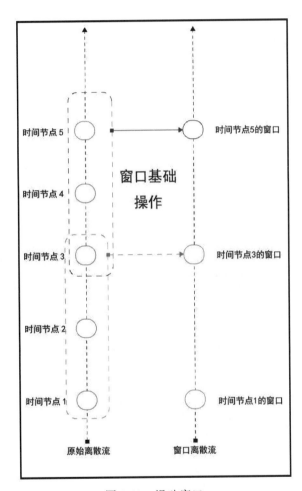

图 1-11　滑动窗口

当窗口滑到源 DStream 时，所有在该窗口内的 RDD 都会被考虑，并转换为返回的窗口 DStream 的 RDD。根据上面所演示的例子，基于窗口的操作是三个时间单位，滑动的距离是两个单位。所以每个窗口都需要指定以下两个参数：

● **窗口长度**：窗口的持续时间。

● **滑动间隔**：执行窗口操作的时间间隔。

这两个参数必须是 DStream 时间间隔的整数倍。

接下来将其应用于本节开头的应用程序。假设需要在最近 60s 内，每 10s 生成一次单词的计数。首先需要对近 60s 的 DStream(word,1)应用 reduceByKey 操作，可以通过 reduceByKeyAndWindow 方法实现。转换为 Scala 代码后，结果如下：

```scala
val windowedWordCounts = pairs.reduceByKeyAndWindow((a:Int,b:Int) => (a +
b), Seconds(60), Seconds(10))
```

在 Python 中实现的代码如下：

```python
windowedWordCounts = pairs.reduceByKeyAndWindow(lambda x, y: x + y, lambda
x, y: x - y, 60, 10)
```

在 Spark DStream 中的一些常见窗口操作见表 1-6。

表 1-6　常见窗口操作

转　　换	作　　用
window(windowLength, slideInterval)	读取窗口中的源数据流，并返回一个新的 DStream
countByWindow(windowLength, slideInterval)	计数窗口中来自源 DStream 中的元素个数（基于参数 windowLength 和 slideInterval），并将计数返回
reduceByWindow(func, windowLength, slideInterval)	读取滑动窗口中的元素并应用 func 简化函数进行汇总（为了保证并行计算的准确性，reduce 的 func 函数必须满足交换律与结合律）。返回这个单元素的 DStream
reduceByKeyAndWindow(func, windowLength, slideInterval, [numTasks])	当调用 DStream(K,V)对时，使用 func 函数对窗口（由参数 windowLength 和 slideInterval 定义）内的数据进行简化并返回新生成的 DStream(K,V)。在本地模式中，默认并行数是 2；在集群模式中，取决于 Spark 属性配置 spark.default.parallelism.numTask，也可以通过可选项自定义并发任务数
reduceByKeyAndWindow(func, invFunc, windowLength, slideInterval,[numTasks])	是 reduceByKeyAndWindow 的高级版本。不同的是，这个简化函数是用来递减的之前的值。当数据从窗口流出时，对旧数值进行递减操作。需注意，这个机制仅作用于简化函数中有递减函数，如 invFunc
countByValueAndWindow (windowLength,slideInterval, [numTasks])	返回一个新的 DStream(K,Long)对（来源于 DStream(K, V)）。返回的 DStream 中每个键的值表示该元素在当前窗口（基于参数 windowLength 和 slideInterval）中出现的频率。可以使用 numTasks 可选参数自定义任务数

1.6　使用不同管理器的集群模式

图 1-12 展示了在集群上 Spark 应用是如何运行的，它们是由驱动程序中的 SparkContext 对象协调的独立进程集。SparkContext 还需连接到集群管理器（Cluster Manager），然后集群管理

器负责在各程序之间分配资源。当 SparkContext 被连接后，Spark 就可以获取到各集群节点的执行器。

执行器用于执行计算和存储指定的 Spark 应用数据。SparkContext 发送应用程序代码（可以是 Scala 的 JAR 文件或者 Python 的.py 文件）给执行器。最后，将需要运行的任务发送给执行器。

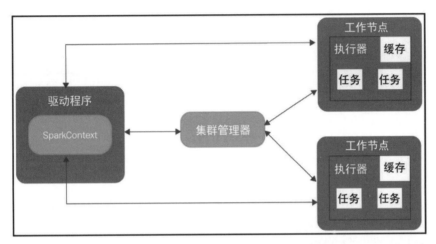

图 1-12　Spark 应用在集群上的运行

为了将每个应用程序隔离，每个应用程序都配有自己的执行器处理进程。它们以多线程的方式运行任务，在整个应用程序期间保持活动状态。不利的是，在不同的 Spark 应用程序之间无法共享数据，如需共享，则应将数据持久化到外部存储系统中。

Spark 支持不同的集群管理器，但是这与底层类型无关。

在执行期间，驱动器需要侦听和接收来自执行器的输入连接，所以它必须是可以被工作节点网络寻址到的。

下面是 Spark 目前支持的集群管理器。

- **Standalone**：一个简易的集群管理器，可以轻松地创建一个集群。它内置于 Spark 中。
- **Apache Mesos**：一个管理计算机集群的开源项目，是由加利福尼亚大学伯克利分校开发的。
- **Hadoop YARN**：从 Hadoop 2.0 版本开始拥有的一款资源管理系统。
- **Kubernetes**：一个开源的容器集群管理系统。Spark 对 Kubernetes 的支持还处于实验阶段，可能还不适用于生产环境。

1.6.1　Standalone 独立模式

对于独立模式来说，只需要在每个集群节点上布置一个编译版 Spark，所有的节点要能够解析其他集群成员的主机名并且路由可达。Spark 的主节点 URL 可以配置在所有节点的 $SPARK_HOME/conf/spark-defaults.conf 文件中：

spark.master	spark://<master_hostname_or_IP>:7077

然后 Spark 主节点的主机名或者 IP 地址需要配置在所有节点的 $SPARK_HOME/conf/ spark-env.sh 文件中：

SPARK_MASTER_HOST,	<master_hostname_or_IP>

现在使用以下脚本启动独立的主服务器：

```
$SPARK_HOME/sbin/start-master.sh
```

当主节点启动完成后，它的 Web UI 的 URL(http://<master_hostname_or_IP>:8080) 就可以访问了。从这里，可以获得启动工作程序时需要的主节点 URL。要启用一个或者更多的工作程序时，可以通过以下脚本实现：

```
$SPARK_HOME/sbin/start-slave.sh <master-spark-URL>
```

当每个工作程序启动后，它们都会拥有各自的 Web UI，其 URL 为 http://<worker_hostname_ or_IP>:8081。

在主节点的 Web UI 中可以查看到工作程序的列表以及它们拥有的 CPU 数量和内存。这个操作方法是手动地运行一个独立集群。也可以通过将提前创建好的 $SPARK_HOME/conf/slaves 文件作为启动脚本实现，它里面列出了所有 Spark 工作程序的设备主机名（每行一个）。需要启用无密码的 SSH（Secure Shell），使 Spark 主节点可以远程登录从属节点的守护进程 daemon 进行启动和关闭动作。在 $SPARK_HOME/sbin 中可以找到以下 shell 脚本，用于集群的运行或停止。

- start-master.sh：启动一个主节点实例。
- start-slaves.sh：启动 conf/slaves 文件中指定的各从属节点的实例。
- start-slave.sh：启动一个单独的从属实例。
- start-all.sh：同时启动一个主节点和多个从属节点。
- stop-master.sh：停止使用 sbin/startmaster.sh 脚本启动的主节点。
- stop-slaves.sh：停止 conf/slaves 文件中指定的各从属节点的实例。
- stop-all.sh：停止主节点和它的所有从属节点。

这些脚本必须在主节点上运行，也可以通过以下方式在交互式的 Spark shell 中创建集群：

```
$SPARK_HOME/bin/spark-shell --master <master-spark-URL>
```

可以使用 $SPARK_HOME/bin/spark-submit 脚本提交一个编译后的 Spark 应用程序到集群内。Spark 目前支持两种独立模式的部署方式：客户端（client）和集群（cluster）。在 client 模式中，driver 和 client 在与提交应用程序相同的进程中启动。在 cluster 模式中，driver 是由某个工作器进程启动的，而 client 进程在提交完应用程序后会立即退出（不需要等待应用程序完成）。若应用程序使用过 spark-submit 启动，那么它的 JAR 包会被自动分发到所有的工作节点上。应用程序依赖的其他 JAR 包需要通过 jars 标志符指定（如 jars、jar1 和 jar2）。

正如 1.1 节中所述，在独立模式中，Spark 主节点存在单点故障的风险。换而言之，如果 Spark

主节点关闭，整个 Spark 集群就会停止运行，而且所有正在提交和运行的应用都会失败，当然也无法继续提交新的应用程序。

为了配置高可用性，可以使用 Apache ZooKeeper（https://zookeeper.apache.org/），它是一个开源的高可用分布式协调服务。也可以通过 Mesos 或 YARN 部署集群，接下来两小节会详细介绍它们。

1.6.2　Mesos 集群模式

Spark 可以通过 Apache Mesos（http://mesos.apache.org/）管理集群。Mesos 是专为分布式计算环境而设计的，它是与云供应商无关的跨平台、集中式且具有容错性的集群管理器。它的主要功能是对资源的管理和隔离，以及跨集群的调度 CPU 和内存。与传统的虚拟化地将单一物理资源拆分为多个虚拟资源不同，它可以将多个物理资源合并为一个虚拟资源。利用 Mesos，就可以像 Spark 一样搭建和调度集群架构（这只是它功能的一部分）。

Mesos 架构如图 1-13 所示。

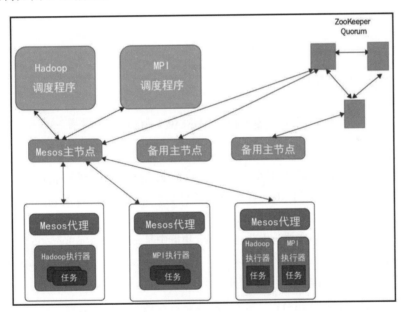

图 1-13　Mesos 架构

Mesos 是由主节点的守护进程 daemon 和框架组成的。在 Mesos 框架运行任务时，主守护进程负责管理各集群节点的代理守护进程。主节点会通过细粒化的资源（包括 CPU 和内存）授权为框架提供资源共享。主节点是模块化的架构体系，通过插件机制可以增加新的分配模块，并以此支持各种不同的策略集。一个 Mesos 框架由两部分组成，一个是调度程序 scheduler，向提供资源的主节点注册自己；另一个是执行程序 executor，是一个在代理节点上处理框架任务的进程。虽然是主节点决定为每个框架提供多少资源，但它是由框架的调度程序 scheduler 负责选择使用哪些被提供的资源的。框架接收了资源，它会把将要执行的各个任务的描述传递给 Mesos。接着，Mesos 会在相应的代理上启动对应的任务。

使用 Mesos 替代 Spark Master Manager 集群管理器部署 Spark 集群具有以下优点：

● 可以在 Spark 和其他框架之间进行动态的分区。

● 可以在 Spark 多个实例之间进行可扩展分区。

Spark 2.2.1 已经和 Mesos 1.0.0+ 被设计在一起使用。在本节中将不再介绍部署 Mesos 集群的步骤，以下实例基于 Mesos 集群已经部署完成并正在运行。Mesos 安装完成后，不需要额外的操作或者补丁就可以运行 Spark。浏览 Mesos 主节点的 Web UI 的 5050 端口（如图 1-14 所示），可以验证 Mesos 集群是否已经部署完成准备用于 Spark。

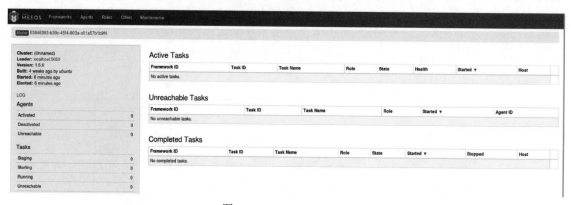

图 1-14　Mesos Web UI

检查代理 Agents 选项卡中是否显示了所有应该显示的机器。

在 Spark 中使用 Mesos，需要让 Mesos 可以访问到 Spark 的二进制软件包，并且 Spark 驱动程序 driver 需要被配置连接到 Mesos。另外，可以将 Spark 安装到和 Mesos 从属节点一样的位置，然后配置 spark.mesos.executor.home 属性（默认值是 $SPARK_HOME）指向该位置。

Mesos 主节点的 URL 格式，在单一主节点 Mesos 集群中是 mesos://host:5050；在使用 Zookeeper 的多主节点 Mesos 集群中是 mesos://zk://host1:2181,host2:2181,host 3:2181/mesos。

在 Mesos 集群上运行 Spark shell 如下所示：

```
$SPARK_HOME/bin/spark-shell --master mesos://127.0.0.1:5050 -c
spark.mesos.executor.home='pwd'
```

Spark 应用程序可以按下面的方法提交到 Mesos 托管的 Spark 集群：

```
$SPARK_HOME/bin/spark-submit --master mesos://127.0.0.1:5050 --totalexecutor-
cores 2 --executor-memory 3G
$SPARK_HOME/examples/src/main/python/pi.py 100
```

1.6.3 YARN 集群模式

自 Apache Hadoop 2.0 开始引入了 YARN（`http://hadoop.apache.org/docs/stable/hadoop-yarn/hadoop-yarn-site/YARN.html`），它在扩展性、高可用性以及对不同范式的支持方面进行了重大改进。在 Hadoop 1 代的 MapReduce 框架中，作业的执行由主节点的一个叫作 JobTracker 的进程协调集群中运行的所有作业，也负责分配 TaskTrackers 上运行的所有 map 和 reduce 这些下属进程，并定期地将进度报告给 JobTracker。单独使用 JobTracker 是整体可扩展性的瓶颈。一个大型集群至少拥有 4000 个节点，至少有 40000 个并发任务。除此之外，JobTracker 还存在单点故障，并且 MapReduce 是唯一可用的编程模型。

YARN 的基本原理是将资源管理和作业调度或监控拆分为独立的守护程序 daemon。这个设计需要配备一个全局的资源管理器 ResourceManager 和每个应用程序有一个对应的主控应用 ApplicationMaster（App Mstr）。一个应用程序可以是单独执行作业也可以是 DAG 作业。YARN 的体系架构如图 1-15 所示。

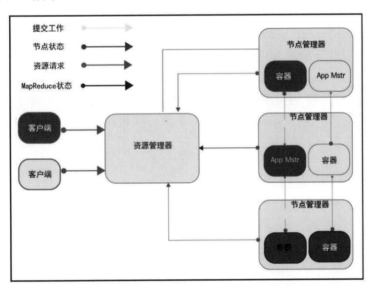

图 1-15　YARN 的体系架构

YARN 架构由资源管理器和节点管理器（NodeManager）组成。资源管理器决定资源的分配和调度，而节点管理器运行在集群的各设备上，负责监控容器使用资源（CPU 和内存）的情况并汇报给资源管理器。资源管理器有两个组件：调度程序（scheduler）和应用管理器（ApplicationsManager）。调度程序负责分配资源给各个正在运行的应用程序，但是它不监控程序的状态也不对失败的任务进行重启。它基于应用程序对资源的请求执行调度操作。

应用管理器接收提交的作业并对有故障的 App Mstr 容器提供重启服务。每个应用程序的 App Mstr 负责从调度程序提供的资源中挑选合适的容器资源，并监控它的状态和进度。YARN 本质上是一个常规调度程序，所以 Hadoop 集群可支持非 MapReduce 类型的作业（如 Spark 作业）。

在 YARN 上提交 Spark 应用程序

若要在 YARN 上启动 Spark 应用程序，需要设置变量 HADOOP_CONF_DIR 或 YARN_CONF_DIR env，并将其路径指向包含 Hadoop 集群客户端的配置文件。这些配置需要连接到 YARN 的 ResourceManager 并写入 HDFS。为了使所有的 Spark 应用程序的配置一致，这个配置需要发布到 YARN 集群中。在 YARN 上有两种部署模式用于运行 Spark 应用程序。

- **集群模式**（cluser mode）：这个模式中，Spark 的驱动程序 driver 在主控应用程序 AM 进程中运行，由 YARN 在集群上进行管理。客户端可以在初始化应用程序后完成各自的执行器。
- **客户端模式**（client mode）：这个模式中，驱动程序 driver 和客户端在同一进程中运行。主控应用程序 AM 只有一个作用，就是向 YARN 请求所需资源。

与其他模式不同的是，在 YARN 模式中，主节点的地址不是由 master 参数指定的，ResourseMananger 的地址是从 Hadoop 的配置中解析到的。因此，参数 master 的值是 yarn。

在集群模式中，可以使用下面的命令启动 Spark 应用程序：

```
$SPARK_HOME/bin/spark-submit --class path.to.your.Class --master yarn --deploy-
mode cluster [options] <app jar> [app options]
```

在集群模式中，由于 driver 与客户端运行在不同的设备上，所以方法 SparkContext.addJar 不适用于客户端的本地文件。唯一的办法是在启动命令 launch 中使用 jars 可选项将它们包括在内。

若要在客户端模式下运行 Spark 应用程序，部署方式相同，需要将部署模式 deploy-mode 选项的值从集群改为客户端。

1.6.4 Kubernetes 集群模式

Kubernetes（https://kubernetes.io/）是一个开源系统，用于自动化部署、扩展和管理容器化的应用程序。它最初由 Google 实施使用，在 2014 年开始开源。下面是 Kubernetes 的主要概念。

- **pod**：可以创建和管理的最小可部署计算单元。一个 pod 可以看作是包含一个或多个容器的组，它们共享网络和存储空间，而且还包含关于如何运作这些容器的规范。
- **Deployment**：这是一个抽象层，主要目的是作为一个声明式（declare）表示一次运行了多少个 pod 副本。
- **Ingress**：一个对外开放的访问频道，用于访问运行在 pod 内部的服务。
- **节点**（Node）：集群中的某一台机器。
- **持久化卷**（Persistent volume）：这是一个关联到集群的文件系统，与任何节点都无关。Kubernetes 通过这个方式持久化信息（数据、文件等）。

Kubernetes 的架构如图 1-16 所示（来源于 https://d33wubrfki0l68.cloudfront.net/518e18713c865fe67a5f23fc64260806d72b38f5/61d75/images/docs/post-ccm-arch.png）。

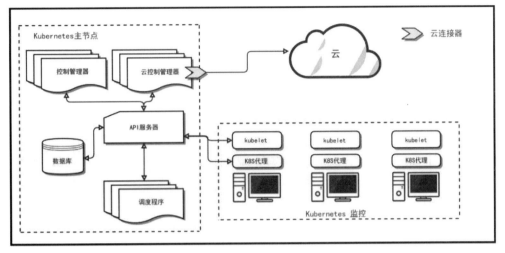

图 1-16　Kubernetes 的架构

Kubernetes 架构的主要组件如下。

● **云控制管理器**（Cloud controller manager）：运行 Kubernetes 控制器。

● **控制器**（Controllers）：由节点、路由、服务和持久化卷标签四部分组成。

● **Kubelets**：节点上运行的主要代理。

可以通过 spark-submit 命令直接将 Spark 作业提交给 Kubernetes 集群。Kubernetes 需要可以部署到 pod 容器内的 Docker 镜像（https://www.docker.com/）。从版本 2.3 开始，Spark 提供了一个 Dockerfile（$SPARK_HOME/kubernetes/dockerfiles/Dockerfile，也可以根据应用的需要进行自定义）和一个脚本（$SPARK_HOME/bin/docker-image-tool.sh），可以创建和发布使用于 Kubernetes 后端的 Docker 镜像。下面是通过提供的脚本创建一个 Docker 镜像的语句：

```
$SPARK_HOME/bin/docker-image-tool.sh -r <repo> -t my-tag build
```

下面是使用相同脚本将图像推送到 docker 存储库的语法：

```
$SPARK_HOME/bin/docker-image-tool.sh -r <repo> -t my-tag push
```

作业可以通过下面的方式提交：

```
$SPARK_HOME/bin/spark-submit \
    --master k8s://https://<k8s_hostname>:<k8s_port> \
    --deploy-mode cluster \
    --name <application-name> \
    --class <package>.<ClassName> \
    --conf spark.executor.instances=<instance_count> \
    --conf spark.kubernetes.container.image=<spark-image> \
    local:///path/to/<sparkjob>.jar
```

Kubernetes 应用程序 application 的命名规则是仅由小写字母、数字、连字符和点组成，并且开头和结尾必须为字母或数字。

提交机制的工作方式如图 1-17 所示。

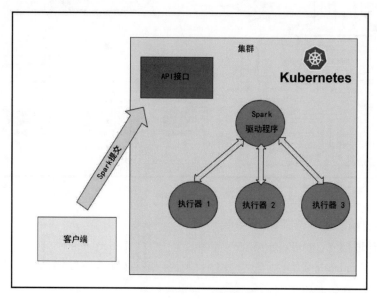

图 1-17   提交机制的工作方式

其中发生了以下事件：

● Spark 创建了一个在 Kubernetes pod 中运行的驱动程序。

● 这个驱动程序创建了多个执行器（基于 Kubernetes pod）并连接它们执行应用代码。

● 在执行结束后，执行器的 pod 终止并被清理。但是驱动器的 pod 则持久化日志和在 Kubernetes API 内维持完成状态（这意味它不占用集群计算或内存资源，最终会被手动删除或作为垃圾处理）。

1.7   小结

在本章中，我们熟悉了 Apache Spark 和它的大多数主要模块。使用 Scala 和 Python 编程语言通过 Spark shell 完成了第一个独立的应用程序。最后，运用不同方法在集群模式中部署和运行 Spark。到目前为止，所有学到的内容对于理解第 3 章的内容都是不可或缺的。如果对本章所介绍的内容还有疑问，建议在继续下一章之前再阅读一遍本章。

在第 2 章中，我们将探讨深度学习（DL）基础，重点介绍关于多层神经网络的某些特定实现。

第 2 章

深度学习基础

在本章中，将介绍深度学习（Deep Learning，DL）的核心概念、它与机器学习（Machine Learning，ML）和人工智能（Artificial Intelligence，AI）的关系、不同类型的多层神经网络和在现实世界中的一系列实际应用。本章将尽可能地进行通俗易懂的表述，避免引入过多的数学公式和代码示例。本章的主要目的是让读者了解什么是深度学习以及它可以实现哪些功能，而之后的章节将通过大量的 Scala 和 Python（使用这两种编程语言）代码示例详细介绍深度学习。

本章主要包含以下内容：

- 深度学习概念。
- **深度神经网络（DNN）。**
- 深度学习的实际应用。

2.1　深度学习简介

深度学习（DL）是机器学习（ML）的一个研究方向，它可以解决一些比较棘手的大规模问题，如自然语言处理（Natural Language Processing，NLP）和图形分类。深度学习有时可以被称为机器学习和人工智能，但深度学习和机器学习都是人工智能的一部分（如图 2-1 所示）。人工智能是一种更宽泛的概念，深度学习是帮助机器学习实现人工智能的一种基于神经网络的算法。

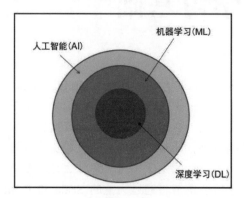

图 2-1　DL、ML 和 AI 的关系

人工智能通常被认为是让机器（可以是被计算机控制的设备或机器人）有能力去执行与人类行为相似的任务。这个概念是在 20 世纪 50 年代引入的，目的是让机器完成所有的工作，从而减少人机交互。这个理论主要应用于需要人类智慧处理或通过历史经验学习到能力的系统开发。

机器学习是实现人工智能的一种途径。它是计算机科学中的一个领域，不需要明确的编程就可以让计算机系统从数据中进行学习。基本上，它使用算法在数据中寻找模式，然后通过这些识别到的模式建立模型并用来预测新的数据。如图 2-2 所示是一个典型的训练和建立模型的流程。

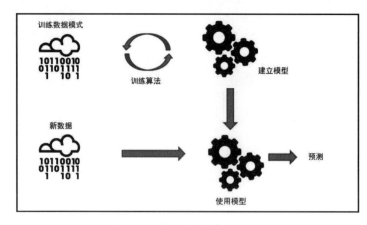

图 2-2　训练和建立模型的流程

机器学算算法可以分为三类。

● 监督学习算法，使用被标识的数据。

● 无监督学习算法，从未标识的数据中寻找模式。

● 半监督学习算法，可以使用两种类型的数据（已标识和未标识的数据）。

在撰写本书时，监督学习是最常见的机器学习算法。监督学习可以分为两组——回归和分类问题。

如图 2-3 所示是一个简单的回归问题。

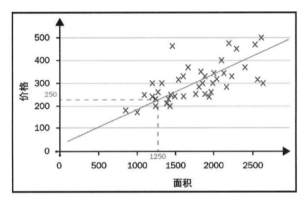

图 2-3　回归问题案例

如图 2-3 所示，有面积和价格这两个输入（或特征），然后生成了一条曲线拟合线用来预测后续的价格。

如图 2-4 所示是一个被监督的分类问题。

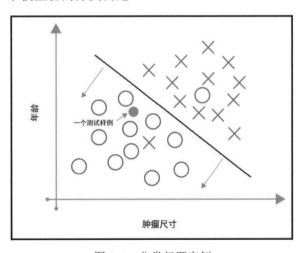

图 2-4　分类问题案例

这个数据集对乳腺癌患者的良性（○）和恶性（×）肿瘤进行了标记。监督的分类算法试图在数据中拟合一条线将肿瘤数据分为两类。之后的数据将会根据这根线被分类为良性或者恶性肿瘤。上面这个例子中只有两个离散输出，在某些情况下，可能会有两种以上的分类。

在监督学习中，被标记的数据集可以帮助算法确定哪些是正确答案，而在无监督学习中，只能依赖算法自身发现数据中的内在结构和模式。在图 2-5 中（https://leonardoaraujosantos.gitbooks.io/artificial-inteligence/content/Images/supervised_unsupervised.png），没有提供任何数据点的含义。我们让算法在其中独立于监督找到一种数据结构，通过一种无监督的数据算法，发现两个不同的集群并执行直线分类将它们进行区分。

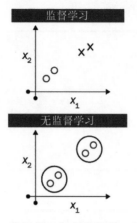

图 2-5　监督学习与无监督学习的比较

深度学习是多层神经网络的一种，它是由输入和输出之间几个隐藏的节点层组成的网络。深度学习是人工神经网络（Artificial Neural Network，ANN）的改进版，它可以模拟人脑的学习（尽管还不是很像）和解决问题的方式。人工神经网络是由一组所谓的神经元（neuron）组成的，模拟神经元在人脑中的工作方式。人工神经网络的常规模型如图 2-6 所示。

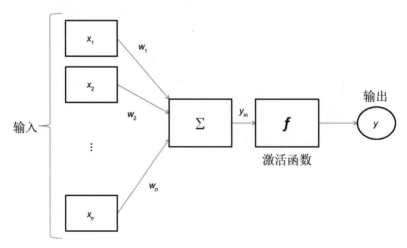

图 2-6　人工神经网络的常规模型

神经元是人工神经网络的最小单元。它先接收被给予的一系列输入 x_i，执行完计算之后将输出传递给同一网络中的其他神经元。权重 w_j，或者叫 parameters，表示输入连接的强度，它可以取正值或者负值。最终净输入可以经过如下计算得到：

$$y_{in} = x_1 X w_1 + x_2 X w_2 + x_3 X w_3 + \cdots + x_n X w_n$$

将对应的函数用于净输入可以计算出输出：

$$y = f(y_{in})$$

激活函数（activation function）可以帮助人工神经网络处理复杂的非线性模式，但是在较简单的模型中可能无法表达正确。

如图 2-7 所示是一个神经网络示意图。

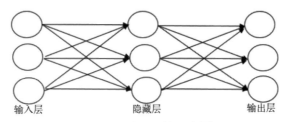

输入层   隐藏层   输出层

图 2-7 神经网络示意图

首先是输入层，将各种特征输入至网络；最后是输出层；其他介于输入层与输出层之间的是隐藏层。在神经网络中隐藏层有多个级别，深度学习被用于其中解决复杂的非线性问题。在每个层级，任何单个节点都会接收到输入数据和权重，然后将置信分数（confidence score）输出给下一层节点。这个过程不断持续直到最终到达输出层。在这里将会计算分数的误差（error）。然后误差将会被发送回去用以调整和改进网络模型的权重，这也被称为反向传播（backpropagation），发生在梯度下降（gradient descent）的过程中，将在第 6 章中介绍。神经网络还有许多的变体，将在 2.2 节中介绍。

开始 2.2 节内容的学习之前还有以下内容需要了解。可能很多人疑惑为什么人工智能、机器学习和深度学习这些概念已经存在了数十年，而近几年才大肆宣传。有以下几个因素加速了它们的实现并将它们从可能性的理论转移到了实际应用中。

- **更便宜的计算性能**：在过去几十年里，硬件一直是约束人工智能、机器学习和深度学习的因素之一。最近硬件（改进的工具和软件架构）和新的计算模型（包括 GPU 相关的模型）都加速了人工智能、机器学习和深度学习的发展。
- **更好的数据可用性**：人工智能、机器学习和深度学习都需要使用大量的数据学习。社会快速发展的数字化转型提供了大量的原材料。现在大数据有多种来源，如物联网（Internet of Things，IoT）传感器、社交和移动计算、智能汽车、医疗设备和许多其他已经或将要用于训练模型的资源。
- **更便宜的存储空间**：可用资源的增加意味着需要更多的存储空间。硬件的进步、成本的降低和性能的提高都不再受限于传统的关系数据库，这一切都让新的存储系统成为现实。
- **更高级的算法**：更便宜的计算和存储更利于开发和训练更高级的算法，这些算法可以在处理特定问题时具有惊人的准确性，如图像分类（image classification）和欺诈检查/反欺诈（fraud detection）问题。

- **更多的投资**：最后但同样重要的一点是对人工智能的投资不再局限于大学或研究机构，而是来自实体业务领域，如技术巨头、政府、初创企业和大型企业。

2.2　深度神经网络概述

如 2.1 节所述，深度神经网络是一种在输入层与输出层之间拥有多个隐藏层的人工神经网络（ANN）。通常来说，数据从输入层流入输出层得到结果而没有回环，这些都是前馈网络。但是 DNN 也有其他不同的风格，如实际使用中最常见的卷积神经网络（Convolutional Neural Network，CNN）和循环神经网络（Recurrent Neural Network，RNN）。

2.2.1　卷积神经网络

卷积神经网络最常使用的场景都与图像处理有关，也可以处理其他类型的输入，如音频或视频。一个典型的用途是图像分类，向神经网络发送图像，它可以对数据进行分类。例如，输入一张狮子的图片，它可以输出文字"一只狮子"；输入一张老虎的图片，它可以输出文字"一只老虎"，等等。CNN 适用于图像分类的原因是，在相同的空间中与其他算法比较，它几乎没有预处理。在传统算法中，网络学习的过滤器是需要手动设计的。

作为一个多层神经网络，CNN 由输入层和输出层以及多个隐藏层组成。隐藏层可以为卷积层（convolutional layer）、池化层（pooling layer）、全连接层（fully connected layer）和归一化层（normalization layer）。卷积层对输入数据进行卷积运算（https://en.wikipedia.org/wiki/Convolution）后将结果传递给下一层。此操作模拟了单个神经元对视觉刺激产生的响应。每个卷积神经元仅处理其感受野（receptive field）内的数据（神经元受到刺激后所能感受到的特定区域，环境的变化也会影响神经元的放电）。池化层负责将集群中神经元的多个输出整理后发送给下一层中的一个神经元。池化有不同的实现方式，如最大池，只保留上一层的每个集群中的最大值；平均池，取前一层的每个集群的平均值等；全连接层，正如它的名字所表达的，此层中的每个神经元都连接到另一层中的所有神经元。

CNN 不会一次性解析所有的训练数据，通常先启用一种扫描器。例如，使用一个 200×200 像素的图像作为输入，这种情况下，模型中不会拥有一个 40000 节点的输入层，而是使用一个 20×20 像素的扫描输入层，它读取原始图像的前 20×20 像素作为输入（通常是从左上角开始）。一旦开始输入数据（可被用于训练），它将继续读取下一个 20×20 像素的区域（这个过程就像一个向右移动的扫描仪，将会在第 5 章中更详细地介绍）。需要注意的是，虽然扫描器在原始图像上移动，但并不意味着它被分割成了 20×20 像素的像素块。这些数据馈入一个或多个卷积层。这些层中的每个节点只需要与其相邻的单元一起工作，并不是所有节点都互相连接。网络越深，卷积层就变得越小，通常是输入的可整除因子（如果开始每层是 20，那么下一层可能是10，再接着的一层可能是 5）。通常用 2 作为整除因子。CNN 的典型架构如图 2-8 所示（由 Aphex34 提供，CC BY-SA 4.0, `https://commons.wikimedia.org/w/index.php?curid=45679374`）。

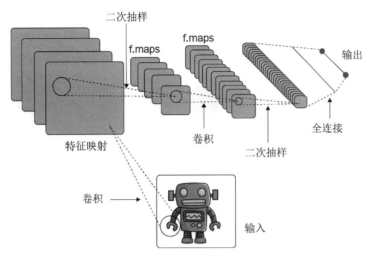

图 2-8　CNN 的典型架构

2.2.2　循环神经网络

循环神经网络主要应用于许多自然语言处理任务（近期也被用于其他的场景中，将会在第 6 章中介绍）。RNN 的主要特点是以序列数据为输入，单元之间的连接形成一个有向图。这意味着，RNN 可以在给定的时间序列中展现出动态的行为。因此，他们可以使用内部状态（内存）处理输入序列，而在传统神经网络中是假设所有输入和输出彼此独立。这使得 RNN 适用于这类情景，如已知一句话中的前面一部分单词，需要预测下一个单词。现在你应该明白它为什么叫循环了，序列中的每个元素都执行相同的任务，他们的输出都取决于之前的输入。

因为 RNN 中有循环，信息可以被持久化在其中，如图 2-9 所示。

在图 2-9 中，神经网络的中间部分 H 接受了输入数据 x，并输出了值 o。循环让信息在这个网络中一步步地进行传递。通过将图 2-9 的 RNN 展开，就可以看到一个完整的网络（如图 2-10 所示），它可以被看成一个网络的多个副本，每个副本将信息传递给后继者。

在图 2-10 中，x_t 是时间步为 t 时的输入，H_t 是在时间步为 t 时的隐藏状态（也表示网络中的内存），O_t 是时间步为 t 时的输出。隐藏状态（hidden states）会捕获之前的所有时间步中发生的情况。在计算输出时，是基于给定的时刻 t 的内存数据进行计算。RNN 在每个步骤中使用相同的共享参数，这是因为它们在执行相同的任务，它们只有输入不一样，这样大大减少了需要的参数总量。每一步并不一定需要进行输出，取决于当前正在执行的任务。同理，也不是每个时间步都需要输入。

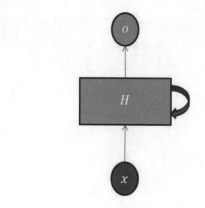

图 2-9　循环神经网络

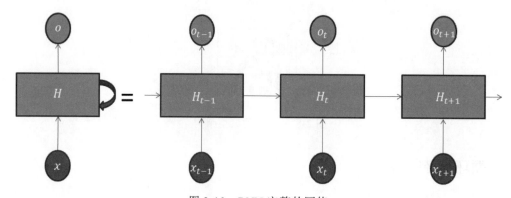

图 2-10　RNN 完整的网络

RNN 最早出现于 20 世纪 80 年代,直到最近才出现了许多新的变体,下面是其中的一些架构。

- **全循环**（**fully recurrent**）：架构中的每个元素与其他元素之间都有加权的单向连接,并且与自身有一个反馈连接。

- **递归**（**recursive**）：相同的权重设置应用于整个架构,类似于图结构。在这个过程中,拓扑排序（topological sorting）（https://en.wikipedia.org/wiki/Topological_sorting）将遍历整个结构。

- **Hopfield**：所有的连接都是对称的。它不适用于需要处理序列的模式,因为它的输入是固定的。

- **Elman 网络**：它是一个三层网络（输入层、隐藏层和输出层）,水平方向增加一组上下文单元（context unit）。中间的隐藏层连接到其他所有部分,并固定权重值为 1。在每个时间步上,输入是前馈,然后应用学习法则。由于反向连接被锁定,所以隐藏单元先将之前的输出值保存在上下文单元中。网络通过这种方式维持状态。因此这种 RNN 的任务执行性能超过标准的多层神经网络。

- **长短期记忆网络**（Long Short-Term Memory,LSTM）：可用于防止反向传播误差导致的梯度消失或梯度爆炸（这将会在第 6 章中详解）。误差可以通过在空间中展开无数个虚拟层向后流动。这意味着 LSTM 需要学习的任务事件记忆可能已经在多个时间步发生过。

- **双向**（**Bi-directional，BD**）：通过叠加两个 RNN 的输出，让它可以预测一个有限序列中的所有元素。第一个 RNN 从左向右处理序列，第二个 RNN 从相反方向处理。
- **递归多层感知网络**（Recurrent multilayer perceptron network，RMLP）：它由级联的子网组成，每个子网包含多层节点。除了最后一层（唯一可以反馈的层），每个子网都是前馈。

在第 5 章和第 6 章中将进一步介绍 CNN 和 RNN。

2.3 深度学习的实际应用

前两节介绍了深度学习的概念和模型，它们不仅是纯理论，而且已经实现了在现实场景中的应用。深度学习擅长识别非结构化数据中的模式，主要应用于图像、声音、视频和文本等相关的媒体情境。如今，深度学习已经应用于多种业务领域中的多种场景中。

- **计算机视觉**（computer vision）：很多应用于汽车行业、面部识别、运动监测和实时威胁监测。
- **自然语言处理**（NLP）：应用于社交媒体的情感分析、金融保险业的欺诈监测、强化搜索和日志分析。
- **医学诊断**（medical diagnosis）：可应用于异常检测和病例鉴定。
- **搜索引擎**（search engines）：图像搜索。
- **物联网**（IoT）：通过传感器进行分析的智能家居。
- **制造业**（manufacturing）：预测性维修。
- **市场营销**（marketing）：推荐引擎，自动识别目标。
- **音频分析**（audio analysis）：语音识别、语音搜索和机器翻译。

它还有更多的潜力即将被挖掘。

2.4 小结

本章介绍了深度学习的基本知识。以通俗易懂的语言引导那些刚开始接触这个领域的读者。在接下来的章节，会介绍更多深层次的细节和实际案例。

第 3 章

提取、转换和加载

训练和测试深度学习模型都需要数据，而数据通常托管在分布式和远程存储的系统上，所以需要连接到数据源并执行数据检索，接着才能进入训练阶段。然而在输入模型之前还需要做一些准备工作。本章主要介绍应用于深度学习的提取、转换和加载（ETL）过程的各个阶段，它涵盖了 DeepLearning4j（DL4J）框架和 Spark 的几个用例，这些用例与批量处理数据有关，数据流将在第 4 章中讨论。

本章主要包含以下内容：

- 使用 Spark 提取训练数据。
- 从关系数据库中提取数据。
- 从 NoSQL 数据库中提取数据。
- 从 Amazon S3 中提取数据。

3.1 通过 Spark 提取训练数据

本章的第一部分介绍 DL4J 框架，然后介绍一些使用这个框架的示例提取训练数据，这些示例来自 Apache Spark。

3.1.1 DL4J 框架

在开始第一个示例之前，先简单介绍 DL4J 框架（`https://deeplearning4j.org/`）。它是为了 JVM 编写的开源[发布于 Apache license 2.0 (`https://www.apache.org/licenses/LICENSE-2.0`)]分布式深度学习框架。自从被 Hadoop 和 Spark 集成以来，它利用这种分布式计算的框架加快了网络训练的速度。它是用 Java 语言编写的，因此与其他 JVM 语言（包括 Scala）兼容，而底层则是用较低级的语言编写的，如 C、C++和 CUDA。在组成深度神经网络时，DL4J API 具有灵活性，因此可以根据需求，在分布式 CPU 或 GPU 的生产级基础架构中组合实现不同类型的网络。DL4J 可以通过 Keras（`https://keras.io/`）从大多数机器学习或深度学习 Python 框架（包括 TensorFlow 和 Caffe）中导入神经网络模型，尤其对数据科学家来说，可以在 Python 和 JVM 生态系统工具包之间架起桥梁，但也适用于数据工程师和 DevOps。Keras 代表 DL4J 的 Python API。

DL4J 是模块化的，以下是构成此框架的主要库。

- **DL4J**：神经网络平台的核心。
- **ND4J**：JVM 的 NumPy（`http://www.numpy.org/`）移植。
- **DataVec**：一个 ML ETL 操作工具。
- **Keras import**：导入可在 Keras 中实现的 Python 预训练模型。
- **Arbiter**：一个专用于对多层神经网路超参数优化的库。
- **RL4J**：对 JVM 的深度强化学习的实现。

我们将在第 4 章介绍 DL4J 以及它的库的特性。本书参考的 DL4J 发行版本是 0.9.1。

3.1.2 通过 DataVec 提取数据并通过 Spark 转换

数据可以来自多种来源和多种类型，例如：

- 日志文件。
- 文本文件。
- 表格数据。
- 图像。
- 视频。

当使用神经网络时，最终的目的是将每种类型的数据转换为多维数组中的一组数据。数据可能在被用于训练和测试网络之前，需要先进预处理。因此，在大多数情况下都需要有 ETL 过程，这是数据科学家在进行机器学习或深度学习时经常被低估的挑战。这时 DL4J DataVec 库就派上用场了。在数据经过这个库的 API 转换后，它成为神经网络可以理解的格式（vectors），所以 DataVec 可以快速地生成符合开放标准的向量化数据。

DataVec 支持所有主要类型的输入数据（文本、CSV、音频、视频和图像），根据指定的输入格式可以开箱即用。即使当前版本未涵盖的 API 也可以将其扩展为指定的输入格式。你可以像 Hadoop MapReduce 使用 InputFormat 确定要使用的逻辑 InputSplits 和 RecordReaders 一样使用 DataVec 的输入/输出格式系统。它也提供 RecordReaders 用来序列化数据。这个库还包括特征工程、数据清洗和标准化（也称为归一化，normalization），它们同时处理静态数据和时间序列。所有的可用功能都可以在 Spark 上通过 DataVec-Spark 模块执行。

通过官方的 Javadocs 在线文档可以更深入地了解前面提到的 Hadoop MapReduce 类，见表 3-1。

表 3-1　常见类的官方文档

类　名	链　接
InputFormat	https://hadoop.apache.org/docs/r2.7.2/api/org/apache/hadoop/mapred/InputFormat.html
InputSplits	https://hadoop.apache.org/docs/r2.7.2/api/org/apache/hadoop/mapred/InputSplit.html
RecordReaders	https://hadoop.apache.org/docs/r2.7.2/api/org/apache/hadoop/mapred/RecordReader.html

接下来看一个实际使用中的 Scala 代码实例。从线上交易（e-shop）的 CSV 文件中提取以下数据。

- 日期时间：DateTimeString。
- 客户 ID：CustomerID。
- 商家 ID：MerchantID。
- 交易编号：NumItemsInTransaction。
- 国家经营编号：MerchantCountryCode。
- 交易金额（美元）：TransactionAmountUSD。
- 欺骗标签：FraudLabel。

接下来对它们进行一些转换。

首先需要导入依赖包（Scala、Spark、DataVec 和 DataVec-Spark）。下面是一个完整的 Maven POM 文件列表（也可以使用 SBT 或 Gradle）：

```
<properties>
        <scala.version>2.11.8</scala.version>
        <spark.version>2.2.1</spark.version>
        <dl4j.version>0.9.1</dl4j.version>
        <datavec.spark.version>0.9.1_spark_2</datavec.spark.version>
    </properties>
```

```
<dependencies>
<dependency>
    <groupId>org.scala-lang</groupId>
    <artifactId>scala-library</artifactId>
    <version>${scala.version}</version>
</dependency>
<dependency>
    <groupId>org.apache.spark</groupId>
    <artifactId>spark-core_2.11</artifactId>
    <version>${spark.version}</version>
</dependency>
<dependency>
    <groupId>org.datavec</groupId>
    <artifactId>datavec-api</artifactId>
    <version>${dl4j.version}</version>
    </dependency>
    <dependency>
        <groupId>org.datavec</groupId>
        <artifactId>datavec-spark_2.11</artifactId>
        <version>${datavec.spark.version}</version>
</dependency>
    </dependencies>
```

在 Scala 应用程序中首先要定义输入数据的模式，如下所示：

```
val inputDataSchema = new Schema.Builder()
    .addColumnString("DateTimeString")
    .addColumnsString("CustomerID", "MerchantID")
    .addColumnInteger("NumItemsInTransaction")
    .addColumnCategorical("MerchantCountryCode", List("USA", "CAN","FR", "MX").asJava)
    .addColumnDouble("TransactionAmountUSD", 0.0, null, false, false)
//$0.0 或更多，没有最大限制，没有 NAN 和无限值
    .addColumnCategorical("FraudLabel", List("Fraud", "Legit").asJava)
    .build
```

对 **CSVRecordReader**（https://deeplearning4j.org/datavecdoc/org/datavec/api/records /reader/impl/csv/CSVRecordReader.html）来说，需要输入的数据是数字且格式正确。如果输入的数据是非数字字段，则需要进行模式转换。DataVec 使用 Spark 执行转换操作。有了输入模式后，就可以定义要应用于输入数据的转换了。在此示例中包含几个转换操作，从中可以删除一些对于此网络不是必要的列，例如：

```
val tp = new TransformProcess.Builder(inputDataSchema)
        .removeColumns("CustomerID", "MerchantID")
        .build
```

过滤 MerchantCountryCode 列，仅读取关键词为 USA 和 CAN 的记录，如下所示：

```
.filter(new ConditionFilter(
        new CategoricalColumnCondition("MerchantCountryCode",
ConditionOp.NotInSet, new HashSet(Arrays.asList("USA","CAN")))))
```

这个阶段只是定义转换，还没有开始应用（先需要从输入文件中获取数据）。到目前为止，仅使用了 DataVec 类。按顺序读取数据和定义转换，需要使用 Spark 和 DataVec-Spark API。

接下来创建 SparkContext，如下所示：

```
val conf = new SparkConf
conf.setMaster(args[0])
conf.setAppName("DataVec Example")
val sc = new JavaSparkContext(conf)
```

现在可以读取 CSV 输入文件并用 CSVRecordReader 解析数据了，如下所示：

```
val directory = new ClassPathResource("datavec-example-data.
    csv").getFile.getAbsolutePath
    val stringData = sc.textFile(directory)
    val rr = new CSVRecordReader
    val parsedInputData = stringData.map(new StringToWritablesFunction(rr))
```

接下来调用前面定义好的转换，如下所示：

```
val processedData = SparkTransformExecutor.execute(parsedInputData, tp)
```

最后，在本地收集数据，如下所示：

```
val processedAsString = processedData.map(new WritablesToStringFunction(","))
val processedCollected = processedAsString.collect
val inputDataCollected = stringData.collect
```

输入数据如图 3-1 所示。

```
18/08/01 20:59:11 INFO DAGScheduler: Job 2 finished: collect at BasicDataVecExample.scala:79, took 0.022346 s


---- Original Data ----
2016-01-01 17:00:00.000,830a7u3,u323fy8902,1,USA,100.00,Legit
2016-01-01 18:03:01.256,830a7u3,9732498oeu,3,FR,73.20,Legit
2016-01-03 02:53:32.231,78ueoau32,w234e989,1,USA,1621.00,Fraud
2016-01-03 09:30:16.832,t842uocd,9732498oeu,4,USA,43.19,Legit
2016-01-04 23:01:52.920,t842uocd,cza8873bm,10,MX,159.65,Legit
2016-01-05 02:28:10.648,t842uocd,fgcq9803,6,CAN,26.33,Fraud
2016-01-05 10:15:36.483,rgc707ke3,tn342v7,2,USA,-0.90,Legit
```

图 3-1 输入数据

处理后的数据如图 3-2 所示。

此示例的完整代码附于随书附赠的源代码内。

```
---- Processed Data ----
2016-01-01 17:00:00.000,1,USA,100.00,Legit
2016-01-03 02:53:32.231,1,USA,1621.00,Fraud
2016-01-03 09:30:16.832,4,USA,43.19,Legit
2016-01-05 02:28:10.648,6,CAN,26.33,Fraud
2016-01-05 10:15:36.483,2,USA,-0.90,Legit
18/08/01 20:59:11 INFO SparkUI: Stopped Spark web UI at http://192.1
18/08/01 20:59:11 INFO MapOutputTrackerMasterEndpoint: MapOutputTrac
```

图 3-2　处理后的数据

3.2　通过 Spark 从数据库中提取训练数据

有时候，数据已经被其他应用提前提取并处理好存储到了数据库中，因此需要连接到数据库才能实现训练或测试的目的。本节将介绍如何从关系数据库和 NoSQL 数据库中提取数据。Spark 适用于这两种场景。

3.2.1　从关系数据库中提取数据

假设数据存储在一个名为 sparkdb 的 MySQL 数据库（https://dev.mysql.com/）中的表 sparkexample 中。这个表的结构如下：

```
mysql> DESCRIBE sparkexample;
+-----------------------+-------------+------+-----+---------+-------+
| Field                 | Type        | Null | Key | Default | Extra |
+-----------------------+-------------+------+-----+---------+-------+
| DateTimeString        | varchar(23) | YES  |     | NULL    |       |
| CustomerID            | varchar(10) | YES  |     | NULL    |       |
| MerchantID            | varchar(10) | YES  |     | NULL    |       |
| NumItemsInTransaction | int(11)     | YES  |     | NULL    |       |
| MerchantCountryCode   | varchar(3)  | YES  |     | NULL    |       |
| TransactionAmountUSD  | float       | YES  |     | NULL    |       |
| FraudLabel            | varchar(5)  | YES  |     | NULL    |       |
+-----------------------+-------------+------+-----+---------+-------+
7 rows in set (0.00 sec)
```

其中包含的数据与通过 Spark 提取的训练数据相同，如下所示：

```
mysql> select * from sparkexample;
```

DateTimeString	CustomerID	MerchantID	NumItemsInTransaction	MerchantCountryCode	TransactionAmountUSD	FraudLabel
2016-01-01 17:00:00.000	830a7u3	u323fy8902	1	USA	100	Legit
2016-01-01 18:03:01.256	830a7u3	9732498oeu	3	FR	73.2	Legit
...						

需要将以下依赖项添加给 Scala Spark：

- Apache Spark 2.2.1。
- Apache Spark SQL 2.2.1。
- 使用的 MySQL 数据库版本所需要的 JDBC 驱动程序。

现在，开始在 Scala 中部署 Spark 应用。需要提供必需的参数连接到数据库。Spark SQL 包括一个数据源，这个数据源可以使用传统的 JDBC 从其他数据库中读取所需的属性，如下所示：

```
var jdbcUsername = "root"
    var jdbcPassword = "secretpw"
    val jdbcHostname = "mysqlhost"
    val jdbcPort = 3306
    val jdbcDatabase ="sparkdb"
    val jdbcUrl = s"jdbc:mysql://${jdbcHostname}:${jdbcPort}/${jdbcDatabase}"
```

检查 MySQL 数据库的 JDBC 驱动程序是否可用，如下所示：

```
Class.forName("com.mysql.jdbc.Driver")
```

接下来创建一个 SparkSession，如下所示：

```
val spark = SparkSession
        .builder()
        .master("local[*]")
        .appName("Spark MySQL basic example")
        .getOrCreate()
```

导入隐式转换，如下所示：

```
import spark.implicits._
```

最终，可以连接到数据库并从表 sparkexample 中加载数据至 DataFrame，如下所示：

```
val jdbcDF = spark.read
        .format("jdbc")
        .option("url", jdbcUrl)
        .option("dbtable", s"${jdbcDatabase}.sparkexample")
        .option("user", jdbcUsername)
        .option("password", jdbcPassword)
        .load()
```

Spark 可以自动读取数据库表的模式，然后将其映射为 Spark SQL 的类型。在 DataFrame 中执行以下命令：

```
jdbcDF.printSchema()
```

它会返回与 sparkexample 表完全相同的模式，如下所示：

```
root
```

```
|-- DateTimeString: string (nullable = true)
|-- CustomerID: string (nullable = true)
|-- MerchantID: string (nullable = true)
|-- NumItemsInTransaction: integer (nullable = true)
|-- MerchantCountryCode: string (nullable = true)
|-- TransactionAmountUSD: double (nullable = true)
|-- FraudLabel: string (nullable = true)
```

当数据被加载到 DataFrame 后，就可以使用特定的 DSL（Domain-Specific Language，领域特定语言）对其进行 SQL 查询，如下所示：

```
jdbcDF.select("MerchantCountryCode","TransactionAmountUSD").groupBy("MerchantCou
ntryCode").avg("TransactionAmountUSD")
```

通过 JDBC 接口可以提高读取的并行性。需要根据 DataFrame 的列值进行边界分割，一共有四项（columnName、lowerBound、upperBound 和 numPartitions）可以指定读取时的并行性。这些是可选项，但是如果需要提供它们则必须进行指定，如下所示：

```
val jdbcDF = spark.read
        .format("jdbc")
        .option("url", jdbcUrl)
        .option("dbtable", s"${jdbcDatabase}.employees")
        .option("user", jdbcUsername)
        .option("password", jdbcPassword)
        .option("columnName", "employeeID")
        .option("lowerBound", 1L)
        .option("upperBound", 100000L)
        .option("numPartitions", 100)
        .load()
```

虽然本节的示例使用的是 MySQL 数据库，但是这种方式可以应用于任何提供 JDBC 驱动程序的商业或开源 RDBMS 中。

3.2.2 从 NoSQL 数据库中提取数据

在本小节中，将研究从 MongoDB（https://www.mongodb.com/）数据库中提取数据所需要的代码。

需要收集的数据来自 sparkmdb 数据库中的 sparkexample，其中的数据与通过 DataVec 获取并通过 Spark 转换和从关系数据库中获取的示例数据相同，只是它的格式变成了 BSON 文档，如下所示：

```
/* 1 */
{
    "_id" : ObjectId("5ae39eed144dfae14837c625"),
    "DateTimeString" : "2016-01-01 17:00:00.000",
```

```
    "CustomerID" : "830a7u3",
    "MerchantID" : "u323fy8902",
    "NumItemsInTransaction" : 1,
    "MerchantCountryCode" : "USA",
    "TransactionAmountUSD" : 100.0,
    "FraudLabel" : "Legit"
}
/* 2 */
{
    "_id" : ObjectId("5ae3a15d144dfae14837c671"),
    "DateTimeString" : "2016-01-01 18:03:01.256",
    "CustomerID" : "830a7u3",
    "MerchantID" : "9732498oeu",
    "NumItemsInTransaction" : 3,
    "MerchantCountryCode" : "FR",
    "TransactionAmountUSD" : 73.0,
    "FraudLabel" : "Legit"
}
...
```

需要将以下依赖项添加到 Scala Spark 项目下：

● Apache Spark 2.2.1。
● Apache Spark SQL 2.2.1。
● 适用于 Spark 2.2.0 的 MongoDB 连接器。

还需要创建一个 Spark 会话，如下所示：

```
val sparkSession = SparkSession.builder()
    .master("local")
    .appName("MongoSparkConnectorIntro")
    .config("spark.mongodb.input.uri","mongodb://mdbhost:27017/sparkmdb.sparkexample")
    .config("spark.mongodb.output.uri","mongodb://mdbhost:27017/sparkmdb.sparkexample")
    .getOrCreate()
```

指定与数据库的连接。创建会话后，可以通过 com.mongodb.spark.MongoSpark 类从 sparkexample 中加载数据，如下所示：

```
val df = MongoSpark.load(sparkSession)
```

返回的 DataFrame 拥有与 sparkexample 表相同的结构，使用以下命令查看：

```
df.printSchema()
```

输出结果如图 3-3 所示。

```
root
 |-- CustomerID: string (nullable = true)
 |-- DateTimeString: string (nullable = true)
 |-- FraudLabel: string (nullable = true)
 |-- MerchantCountryCode: string (nullable = true)
 |-- MerchantID: string (nullable = true)
 |-- NumItemsInTransaction: integer (nullable = true)
 |-- TransactionAmountUSD: double (nullable = true)
 |-- _id: struct (nullable = true)
 |    |-- oid: string (nullable = true)
```

图 3-3　输出结果

检索到的是 DB collection 中的数据：

```
df.collect.foreach { println }
```

它返回如下值：

```
[830a7u3,2016-01-01
17:00:00.000,Legit,USA,u323fy8902,1,100.0,[5ae39eed144dfae14837c625]]
[830a7u3,2016-01-01
18:03:01.256,Legit,FR,9732498oeu,3,73.0,[5ae3a15d144dfae14837c671]]
...
```

也可以在 DataFrame 上运行 SQL 查询。首先创建一个用例类（case class）定义 DataFrame 的模式：

```
case class Transaction(CustomerID: String,
                       MerchantID: String,
                       MerchantCountryCode: String,
                       DateTimeString: String,
                       NumItemsInTransaction: Int,
                       TransactionAmountUSD: Double,
                       FraudLabel: String)
```

接下来加载数据：

```
val transactions = MongoSpark.load[Transaction](sparkSession)
```

为 DataFrame 注册一个临时视图：

```
transactions.createOrReplaceTempView("transactions")
```

在执行 SQL 语句前先执行过滤转换：

```
val filteredTransactions = sparkSession.sql("SELECT CustomerID, MerchantID
FROM transactions WHERE TransactionAmountUSD = 100")
```

使用以下语句：

```
filteredTransactions.show
```

返回如下内容：

```
+----------+----------+
|CustomerID|MerchantID|
+----------+----------+
| 830a7u3  |u323fy8902|
+----------+----------+
```

3.3　通过 Amazon S3 提取数据

现如今，在数据训练和测试方面最大的改变是这些操作可以托管在云存储系统中执行。在本节中，将学习如何使用 Spark 从对象存储中提取数据，如 Amazon S3（https://aws.amazon.com/s3/）或其他基于 S3 的服务器（如 Minio，https://www.minio.io/）。Amazon 便捷存储服务（通常称为 Amazon S3）是 AWS 云提供的一种对象存储服务。Amazon S3 主要推广于公有云，对于私有云，Minio 是一种高性能的分布式对象存储服务器，它与 Amazon S3 协议和标准兼容，是为大型私有云基础架构设计的。

首先，需要给 Scala 项目添加 Spark 核心、Spark SQL 依赖项以及以下内容：

```
groupId: com.amazonaws
    artifactId: aws-java-sdk-core
    version1.11.234
    groupId: com.amazonaws
    artifactId: aws-java-sdk-s3
    version1.11.234
    groupId: org.apache.hadoop
    artifactId: hadoop-aws
    version: 3.1.1
```

它们是 AWS Java JDK 核心和 Amazon S3 库，以及给 AWS 集成 Apache Hadoop 模块。

在此例中，需要在 Amazon S3 或者 Minio 上提前创建好一个存储桶（bucket）。对于不熟悉 Amazon S3 存储系统的读者来说，可以把存储桶理解为一种文件存储系统目录，用户可以在其中存储对象（数据和描述对象的元数据）。然后，在这个存储桶中上传一个 Spark 需要读取的文件。此例中使用的文件可以方便地从 MonitorWare 网站（http://www.monitorware.com/en/logsamples/apache.php）中下载，它包含 ASCII 格式的 HTTP 请求日志条目。在本例中，假设存储桶的名字是 dl4j-bucket，上传的文件名是 access_log。接下来首先要在 Spark 程序中创建一个 SparkSession 会话，如下所示：

```
val sparkSession = SparkSession
    .builder
    .master(master)
```

```
    .appName("Spark Minio Example")
    .getOrCreate
```

为了减少噪声的输出，将 Spark 的日志等级设置为 WARN，如下所示：

```
sparkSession.sparkContext.setLogLevel("WARN")
```

现在已经创建了 SparkSession，接着需要设置 Amazon S3 或 Minio 终端以及 Spark 访问它所需的凭据，并添加一些其他属性：

```
sparkSession.sparkContext.hadoopConfiguration.set("fs.s3a.endpoint","http://<host>:
<port>")
sparkSession.sparkContext.hadoopConfiguration.set("fs.s3a.access.key","access_key")
sparkSession.sparkContext.hadoopConfiguration.set("fs.s3a.secret.key","secret")
sparkSession.sparkContext.hadoopConfiguration.set("fs.s3a.path.style.access",
"true")
sparkSession.sparkContext.hadoopConfiguration.set("fs.s3a.connection.ssl.enabled",
"false")
sparkSession.sparkContext.hadoopConfiguration.set("fs.s3a.impl","org.apache.hadoop.
fs.s3a.S3AFileSystem")
```

以下是最简配置中的各个属性的含义。

- fs.s3a.endpoint：Amazon S3 或 Minio 的终端。
- fs.s3a.access.key：AWS 或 Minio 的访问密钥/访问键。
- fs.s3a.secret.key：AWS 或 Minio 的加密密钥。
- fs.s3a.path.style.access：启用 Amazon S3 路径样式访问，且禁用默认的虚拟主机活动。
- fs.s3a.connection.ssl.enabled：指定终端是否启用 SSL，值为 true 和 false。
- fs.s3a.impl：使用 S3AfileSystem 的实现类。

接下来从 Amazon S3 或 Minio 存储桶中读取 access_log 文件（或其他任意文件）并加载其内容至 RDD，如下所示：

```
val logDataRdd = sparkSession.sparkContext.textFile("s3a://dl4jbucket/access_log")
println("RDD size is " + logDataRdd.count)
```

也可以将 RDD 转换为 DataFrame，并在输出上显示内容，如下所示：

```
import sparkSession.implicits._
val logDataDf = logDataRdd.toDF
logDataDf.show(10, false)
```

它的输出结果如图 3-4 所示。

当数据从对象存储被加载到 Amazon S3 或 Minio 的存储桶后，Spark 处理 RDD 和数据集的操作就都可以使用了。

```
19/01/13 14:03:04 WARN MetricsConfig: Cannot locate configuration: tried hadoop-metrics2-s3a-file-system.properties,hadoop-metrics2.properties
RDD size is 1546
+---------------------------------------------------------------------------------------------------------------------------------------------+
|value                                                                                                                                        |
+---------------------------------------------------------------------------------------------------------------------------------------------+
|64.242.88.10 - - [07/Mar/2004:16:05:49 -0800] "GET /twiki/bin/edit/Main/Double_bounce_sender?topicparent=Main.ConfigurationVariables HTTP/1.1" 401 12846 |
|64.242.88.10 - - [07/Mar/2004:16:06:51 -0800] "GET /twiki/bin/rdiff/TWiki/NewUserTemplate?rev1=1.3&rev2=1.2 HTTP/1.1" 200 4523               |
|64.242.88.10 - - [07/Mar/2004:16:10:02 -0800] "GET /mailman/listinfo/hsdivision HTTP/1.1" 200 6291                                            |
|64.242.88.10 - - [07/Mar/2004:16:11:58 -0800] "GET /twiki/bin/view/TWiki/WikiSyntax HTTP/1.1" 200 7352                                        |
|64.242.88.10 - - [07/Mar/2004:16:20:55 -0800] "GET /twiki/bin/view/Main/DCCAndPostFix HTTP/1.1" 200 5253                                      |
|64.242.88.10 - - [07/Mar/2004:16:23:12 -0800] "GET /twiki/bin/oops/TWiki/AppendixFileSystem?template=oopsmore&param1=1.12&param2=1.12 HTTP/1.1" 200 11382|
|64.242.88.10 - - [07/Mar/2004:16:24:16 -0800] "GET /twiki/bin/view/Main/PeterThoeny HTTP/1.1" 200 4924                                        |
|64.242.88.10 - - [07/Mar/2004:16:30:29 -0800] "GET /twiki/bin/edit/Main/Header_checks?topicparent=Main.ConfigurationVariables HTTP/1.1" 401 12851 |
|64.242.88.10 - - [07/Mar/2004:16:31:48 -0800] "GET /twiki/bin/attach/Main/OfficeLocations HTTP/1.1" 401 12851                                 |
|64.242.88.10 - - [07/Mar/2004:16:31:48 -0800] "GET /twiki/bin/view/TWiki/WebTopicEditTemplate HTTP/1.1" 200 3732                              |
+---------------------------------------------------------------------------------------------------------------------------------------------+
only showing top 10 rows
```

图 3-4　输出结果

3.4　通过 Spark 转换原始数据

在很多时候数据源使用的是原始数据。所谓的原始数据，是指不能直接用于训练或测试的数据。所以在使用它们之前，需要将它们进行清洗。清洗过程是指在将数据输入指定模型之前，先进行一个或多个转换。

DL4J DataVec 库和 Spark 为数据的转换提供了一些功能。在本节中描述的一些概念已经在 3.1.2 小节中进行了解释，但是接下来将介绍一个更复杂的用例。

为了进一步了解如何使用 DataVec 进行转换，下面构建一个用于进行网络流量分析的 Spark 应用程序。每个请求对应一行，下面是其中的各列：

- 主机发出请求，用主机名或网址。
- 格式为 DD/Mon/YYYY:HH:MM:SS 的时间戳，其中 DD 表示月份内的日期，Mon 表示月份；YYYY 表示年份；HH:MM:SS 表示 24 小时制的时间；-0800 表示时区。
- HTTP 请求需要使用引号。
- HTTP 回复代码。
- 回复所占用的字节总数。

以下是日志的内容示例：

```
64.242.88.10 - - [07/Mar/2004:16:05:49 -0800] "GET /twiki/bin/edit/Main/Double_
bounce_sender?topicparent=Main.ConfigurationVariables HTTP/1.1" 401 12846
64.242.88.10 - - [07/Mar/2004:16:06:51 -0800] "GET /twiki/bin/rdiff/TWiki/
NewUserTemplate?rev1=1.3&rev2=1.2 HTTP/1.1" 200 4523
64.242.88.10 - - [07/Mar/2004:16:10:02 -0800] "GET /mailman/listinfo/hsdivision
HTTP/1.1" 200 6291
64.242.88.10 - - [07/Mar/2004:16:11:58 -0800] "GET /twiki/bin/view/TWiki/WikiSyntax
HTTP/1.1" 200 7352
```

应用程序要做的第一件事是定义输入数据的模式，如下所示：

```
val schema = new Schema.Builder()
        .addColumnString("host")
        .addColumnString("timestamp")
```

```
        .addColumnString("request")
        .addColumnInteger("httpReplyCode")
        .addColumnInteger("replyBytes")
        .build
```

开启一个 Spark 文本：

```
val conf = new SparkConf
        conf.setMaster("local[*]")
        conf.setAppName("DataVec Log Analysis Example")
        val sc = new JavaSparkContext(conf)
```

加载文件：

```
val directory = new ClassPathResource("access_log"). getFile.getAbsolutePath
```

网页日志文件中可能包含一些遵循之前模式的不可用的行，所以需要一些逻辑确定舍弃这些对分析无用的行，如下所示：

```
var logLines = sc.textFile(directory)
logLines = logLines.filter { (s: String) => s.matches("(\\S+) - - \\[(\\S+ -
\\d{4})\\] \"(.+)\" (\\d+) (\\d+|-)")
    }
```

这里使用了正则表达式过滤与预期格式匹配的日志行。接下来可以使用 DataVec 的 **RegexLineRecordReader** 解析原始数据了（https://deeplearning4j.org/datavecdoc/org/datavec/api/records/reader/impl/regex/RegexLineRecordReader.html）。定义一个所需的正则表达式 regex 格式化此行，如下所示：

```
val regex = "(\\S+) - - \\[(\\S+ -\\d{4})\\] \"(.+)\" (\\d+) (\\d+|-)"
    val rr = new RegexLineRecordReader(regex, 0)
    val parsed = logLines.map(new StringToWritablesFunction(rr))
```

通过利用 **DataVec-Spark** 库，还可以在定义转换前先确认数据的质量。可以使用 **AnalyzeSpark** 类（https://deeplearning4j.org/datavecdoc/org/datavec/spark/transform/AnalyzeSpark.html）进行分析，如下所示：

```
val dqa = AnalyzeSpark.analyzeQuality(schema, parsed)
    println("----- Data Quality -----")
    println(dqa)
```

下面是对数据进行质量分析后产生的输出：

```
----- Data Quality -----
idx     name            type        quality details
0       "host"          String      ok
StringQuality(countValid=1546, countInvalid=0, countMissing=0,
countTotal=1546, countEmptyString=0, countAlphabetic=0, countNumerical=0,
```

```
countWordCharacter=10, countWhitespace=0, countApproxUnique=170)
1       "timestamp"          String          ok
StringQuality(countValid=1546, countInvalid=0, countMissing=0,
countTotal=1546, countEmptyString=0, countAlphabetic=0, countNumerical=0,
countWordCharacter=0, countWhitespace=0, countApproxUnique=1057)
2       "request"            String          ok
StringQuality(countValid=1546, countInvalid=0, countMissing=0,
countTotal=1546, countEmptyString=0, countAlphabetic=0, countNumerical=0,
countWordCharacter=0, countWhitespace=0, countApproxUnique=700)
3       "httpReplyCode"      Integer         ok
IntegerQuality(countValid=1546, countInvalid=0, countMissing=0,
countTotal=1546, countNonInteger=0)
4       "replyBytes"         Integer         FAIL
IntegerQuality(countValid=1407, countInvalid=139, countMissing=0,
countTotal=1546, countNonInteger=139)
```

从输出中可以发现，在第 139 行（总共 1546 行）中，replyBytes 字段不是整数。下面是这几行的实际内容：

```
10.0.0.153 - - [12/Mar/2004:11:01:26 -0800] "GET / HTTP/1.1" 304 -
10.0.0.153 - - [12/Mar/2004:12:23:11 -0800] "GET / HTTP/1.1" 304 -
```

因此首先要做的清理转换是将所有 replyBytes 字段的非整数条目的值替换为 0。3.1.2 小节中的示例使用的都是 TransformProcess 类，如下所示：

```
val tp: TransformProcess = new TransformProcess.Builder(schema)
    .conditionalReplaceValueTransform("replyBytes",     new     IntWritable(0),new
StringRegexColumnCondition("replyBytes", "\\D+"))
```

接下来可以应用各种其他转换了，如按主机分组并提取摘要指标（计算条目数量、唯一请求数量、HTTP 回复代码和 replyBytes 字段的总值），如下所示：

```
.reduce(new Reducer.Builder(ReduceOp.CountUnique)
    .keyColumns("host")
    .countColumns("timestamp")
    .countUniqueColumns("request", "httpReplyCode")
    .sumColumns("replyBytes")
    .build
)
```

重命名各列：

```
.renameColumn("count", "numRequests")
```

过滤出总需求数小于 100 万字节的所有主机：

```
.filter(new ConditionFilter(new LongColumnCondition("sum(replyBytes)", ConditionOp.
LessThan, 1000000)))
```

```
.build
```

现在，可以执行如下转换：

```
val processed = SparkTransformExecutor.execute(parsed, tp)
processed.cache
```

还可以对最终数据进行一些分析，如下所示：

```
val finalDataSchema = tp.getFinalSchema
    val finalDataCount = processed.count
    val sample = processed.take(10)
    val analysis = AnalyzeSpark.analyze(finalDataSchema, processed)
```

最终数据的模式如下所示：

```
Idx     name                            type            meta data
0       "host"                          String
StringMetaData(name="host",)
1       "count(timestamp)"              Long
LongMetaData(name="count(timestamp)",minAllowed=0)
2       "countunique(request)"          Long
LongMetaData(name="countunique(request)",minAllowed=0)
3       "countunique(httpReplyCode)"    Long
LongMetaData(name="countunique(httpReplyCode)",minAllowed=0)
4       "sum(replyBytes)"               Integer
IntegerMetaData(name="sum(replyBytes)",)
```

输出结果为两个，如下所示：

```
[10.0.0.153, 270, 43, 3, 1200145]
[64.242.88.10, 452, 451, 2, 5745035]
```

分析结果的代码如下所示：

```
----- Analysis -----
idx     name                            type            analysis
0       "host"                          String
StringAnalysis(minLen=10,maxLen=12,meanLen=11.0,sampleStDevLen=1.4142135623
730951,sampleVarianceLen=2.0,count=2)
1       "count(timestamp)"              Long
LongAnalysis(min=270,max=452,mean=361.0,sampleStDev=128.69343417595164,samp
leVariance=16562.0,countZero=0,countNegative=0,countPositive=2,countMinValu
e=1,countMaxValue=1,count=2)
2       "countunique(request)"          Long
LongAnalysis(min=43,max=451,mean=247.0,sampleStDev=288.4995667241114,sample
Variance=83232.0,countZero=0,countNegative=0,countPositive=2,countMinValue=
1,countMaxValue=1,count=2)
```

```
3              "countunique(httpReplyCode)" Long
LongAnalysis(min=2,max=3,mean=2.5,sampleStDev=0.7071067811865476,sampleVari
ance=0.5,countZero=0,countNegative=0,countPositive=2,countMinValue=1,countM
axValue=1,count=2)
4              "sum(replyBytes)"             Integer
IntegerAnalysis(min=1200145,max=5745035,mean=3472590.0,sampleStDev=3213722.
538746928,sampleVariance=1.032801255605E13,countZero=0,countNegative=0,countPosi
tive=2,countMinValue=1,countMaxValue=1,count=2)
```

3.5 小结

本章学习了使用 DL4J DataVec 库和 Apache Spark（核心和 Spark SQL 模块）从不同的数据来源中提取数据，有文件、关系和非关系数据库和基于 Amazon S3 的对象存储系统，并且举例说明了如何转换原始数据。所有给出的示例都以批处理的方式表示数据的提取和转换。

第 4 章将重点介绍在数据流模式中训练或测试深度学习模型的集成和转换数据。

第 *4* 章

数据流

在第 3 章中，学习了如何使用批处理提取、转换、加载的方法提取和转换数据用于训练或评估模型，可以在大多数情况下使用这种方法训练和评估模型，但是在运行模型时，需要对数据流进行提取。本章将 Apache Spark、DL4J、DataVec 和 Apache Kafka 框架组合起来为深度学习模型确定流传输提取策略。数据流的提取框架不会像传统加载方法那样简单地将数据从源移动到目标中去。通过数据流提取，任何格式的任何传入数据都可以被同时提取、转换或使用其他结构化的和以前存储过的数据以达到深度学习的目的。

本章主要包含以下内容：

- Apache Spark 处理数据流。
- Kafka 和 Apache Spark 处理数据流。
- DL4J 和 Apache Spark 处理数据流。

4.1 Apache Spark 处理实时数据流

在第 1 章中详细介绍了 Spark 流和 DStreams。结构化实时数据流（Structured Streaming）计算在 Apache Spark 2.0.0 的 alpha 版本中被加入，它是一种全新的与众不同的结构化实时数据流的实现方法。从 Spark 2.2.0 开始，性能变得稳定下来。

结构化实时数据流（已经部署在 Spark SQL 引擎上）是具有容错性、可扩展的流处理引擎。流处理可以通过与批量计算相同的方式完成对静态数据的处理，在第 1 章中已经介绍过。这个 Spark SQL 引擎可以增量并连续地进行计算，并随着数据流的输入不断地更新输出。它的容错性和每次的准确性是通过预写日志系统（Write Ahead Logs，WAL）和 check-pointing 进行保障的。

结构化实时数据流的编程模型与传统的 Spark 流之间的区别有时不太容易理解，尤其是有 Spark 开发经验的人员第一次接触此概念时。可以这样易于理解地描述：实时数据流的一种处理方式是将其视为一张连续不断被添加的表（此表为 RDBMS）。这样流数据的计算就类似于批处理的查询（与在静态表上运行的方式相同），但是 Spark 是运行在不断递增的无边界表上。

输入数据流可以视为输入表，实时流中的每个数据到达时就会在其后面增加一个新行。运作方式如图 4-1 所示。

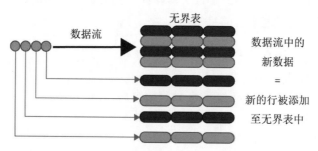

图 4-1　一个数据流可以看作一张无界表

对输入的查询将会生成结果表。对于触发器来说，输入表内每次被添加新的数据行，都会更新输出结果表（如图 4-2 所示）。每当结果表更新时，被改写的结果行可以被写入外部接收器。外部存储器有如下几种不同的输出模式。

- **完全模式**（Complete mode）：在此模式中，它将整个更新结果表写入外部存储器。具体如何将条目表写入存储系统，是根据特定的连接配置或工具情况决定的。
- **追加模式**（Append mode）：仅将结果表中的新行写入外部存储器。换言之，可以在不改变现有数据行的前提下应用此模式。
- **更新模式**（Update mode）：仅将结果表中被更新的行写入外部存储器。更新模式与完全模式之间的区别在于，更新模式仅发送最近一次触发后发生更改的那些行。

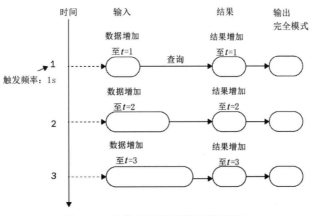

图 4-2　结构化数据流的编程模型

　　现在，展示一个简单的 Scala 示例，创建一个实时数据流的单词计数独立应用程序，与第 1 章中的示例一样，只是这次替换为结构化的实时数据流。使用的类代码捆绑在 Spark 发行版中。首先，需要初始化 SparkSession：

```scala
val spark = SparkSession
    .builder
    .appName("StructuredNetworkWordCount")
    .master(master)
    .getOrCreate()
```

　　接下来必须创建一个 DataFrame 表示从连接到主机端口（host:port）的实时数据流输入行，如下所示：

```scala
val lines = spark.readStream
    .format("socket")
    .option("host", host)
    .option("port", port)
    .load()
```

　　DataFrame 的 lines 表示无边界表，它包含实时数据流的文本数据。表的内容是单个值，即拥有单个字符串的列。每个输入实时数据流的文本数据会变成一行。

　　分割每个单词为一行：

```scala
val words = lines.as[String].flatMap(_.split(" "))
```

　　接着计数单词：

```scala
val wordCounts = words.groupBy("value").count()
```

　　运行查询语句，输出计数到终端：

```scala
val query = wordCounts.writeStream
```

```
    .outputMode("complete")
    .format("console")
    .start()
```

直到收到终止信号，否则一直运行：

```
query.awaitTermination()
```

在运行这个示例前，需要先运行 netcat 作为数据服务器（或者用第 1 章中的 Scala 数据服务器）：

```
nc -lk 9999
```

然后，在另一个终端内可以通过以下命令启用示例：

```
localhost 9999
```

在运行 netcat 数据服务器时，任何在终端输入的内容都将被计数并输出至应用程序界面。输出结果将如下所示：

```
hello spark
a stream
hands on spark
```

运行该示例将产生如下输出：

```
-------------------------------------------
Batch: 0
-------------------------------------------
+------+-----+
| value|count|
+------+-----+
| hello|  1  |
| spark|  1  |
+------+-----+

-------------------------------------------
Batch: 1
-------------------------------------------
+------+-----+
| value|count|
+------+-----+
| hello|  1  |
| spark|  1  |
|   a  |  1  |
|stream|  1  |
+------+-----+

-------------------------------------------
Batch: 2
```

```
------------------------------------------
+------+-----+
| value|count|
+------+-----+
| hello|  1  |
| spark|  2  |
|  a   |  1  |
|stream|  1  |
| hands|  1  |
|  on  |  1  |
+------+-----+
```

事件时间（event time）的定义是它记录到数据的时刻。在很多应用场景中，如在物联网环境中每分钟需要检索设备所产生的事件数，其中必须使用数据生成的时间，而不是 Spark 接收数据的时间。所以事件时间适用于此编程模型，设备上的每个事件都是表中的一行，而事件时间则是这行数据中的一列的值。这个范例进行了基于窗口的聚合，只是在事件时间的列指定了聚合的类型。这样就可以保证一致性，因为事件时间和基于窗口聚合的查询都可以以相同的方式被定义在静态数据集（如来自设备的事件日志）和实时数据流上。

根据上面所述可以看出，此编程模型默认处理比预期事件时间晚的数据。由于 Spark 可以更新结果表，所以它对更新旧聚合有完全的控制权，当有新数据时，可以通过清除旧的聚合限制中间数据的大小。从 Spark 2.1 开始支持添加水印，它可以指定新数据的阈值和运行底层引擎清理相应的旧状态信息。

4.2　通过 Kafka 和 Spark 处理实时数据流

Spark 的实时数据流和 Kafka 是数据管道中常见的技术组合。本节将介绍一些使用 Kafka 与 Spark 处理实时数据流的示例。

4.2.1　Apache Kafka

Apache Kafka（http://kafka.apache.org/）是用 Scala 编写的一种开源的信息传递体系。它最初由 LinkedIn 开发，并在 2011 年发布开源版本，目前由 Apache 软件基金会维护。

以下是 Kafka 相对于传统 JMS 信息代理的一些优势。

● **速度快**：一个在通用硬件上运行的单个 Kafka 代理可以处理来自几千个客户端的数百兆的读写。

● **良好的扩展性**：可以轻松且透明地进行扩展，无须停机。

● **持久性和复制**：消息被持久化到磁盘上并在集群内复制，以防数据丢失（通过使用大量可用的配置参数进行适当的设置，可以实现零数据丢失）。

- **性能**：每个代理可以执行 TB 级的消息且不会影响性能。
- 可以对实时数据流进行处理。
- 可以轻松地与其他主流开源系统集成，以用于大数据架构，如 Hadoop、Spark 和 Storm。

以下是 Kafka 的核心概念。

- **主题**（topics）：对即将发布的数据进行分类和命名。
- **生产者**（producers）：将消息发布给主题的实体。
- **消费者**（consumers）：订阅主题，并消费主题信息的实体。
- **代理者**（brokers）：处理读写操作的服务。

图 4-3 展示了典型的 Kafka 集群架构。

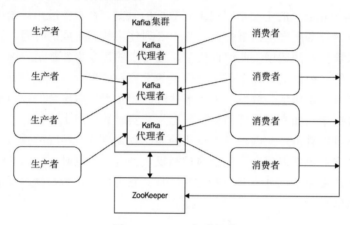

图 4-3　Kafka 集群架构

Kafka 在后台使用 ZooKeeper（https://zookeeper.apache.org/）来保证节点的同步。Kafka 的二进制文件中包含了它，因此如果主机上没有安装 ZooKeeper，可以使用 Kafka 自带的软件包。客户端和服务器之间的通信是使用高性能且与语言无关的 TCP 进行的。

典型的 Kafka 应用场景有以下几类：

- 消息队列（Messaging）。
- 流处理（Stream processing）。
- 日志聚合（Log aggregation）。
- 元信息监控（Metrics）。
- 行为跟踪（Web activity tracking）。
- 事件源（Event sourcing）。

4.2.2　Spark 流和 Kafka

若要将 Spark 流与 Kafka 一起使用，可以有两种方式：使用接收器或直接使用。第一种情况大多是从其他源进行流传输，将从 Kafka 接收到的数据存储在 Spark 执行器并由 Spark 流上下文进行处理。这不是最好的方式，在发生失败事件时，可能会导致数据丢失。因此采取直接使用的方式（在 Spark 1.3 中介绍）更好，它无须使用接收器接收数据，它会定期查询每个主题和分区的最新偏移量并相应地定义每个批次要处理的偏移范围。当执行处理数据的作业时，Kafka 可以轻松地使用消费者 API 读取到定义好的偏移量范围（基本上和从文件系统中读取文件的方式相同）。直接使用的方式还具有以下优点。

- **简单的并行性**：不需要创建多个并行的 Kafka 流输入然后再努力统一它们。Spark 流会创建与 Kafka 分区一样数量的 RDD 分区，用于从 Kafka 中并行地读取数据。这意味 Kafka 分区与 RDD 分区是 1∶1 对应的，这样易于理解和调整。
- **高效率**：在使用接收器的方式中，若要实现零数据丢失，需要将数据存储在 WAL 中。但是这样的策略是低效的，因为数据需要被复制两次，第一次由 Kafka 复制，然后是 WAL 复制。在直接使用的方式中，因为没有接收器，所以不需要从 WAL 订阅，假定 Kafka 有足够的保留量，信息可以直接从 Kafka 接收。
- **精确一次的语义**：在使用接收器的方式中，Kafka 的高级 API 将已消耗的偏移量存储在 ZooKeeper 中。使用这个方式可以确保零数据丢失，但是当有故障发生时，有些记录可能被消耗两次。这是由被 Spark 流可靠接收的数据与 ZooKeeper 跟踪的偏移量不一致导致的。通过直接使用的方式，简单的 Kafka API 不需要使用 ZooKeeper，Spark 流会通过自身的检查点跟踪偏移量。这样可以确保即使发生了故障，Spark 流也能高效和精确地接收每个记录一次。

直接使用的方式的一个缺点是，因其不会更新 ZooKeeper 中的偏移量，则基于 ZooKeeper 的 Kafka 监控工具不会显示任何进程。

现在，实现一个简单的 Scala 实例——Kafka 直接计数单词。本节中所演示的示例仅适用于 Kafka 0.10.0.0 及以上版本。首先要做的是将所需的依赖项（Spark 内核、Spark 流和 Spark 流 Kafka）添加到项目中：

```
groupId = org.apache.spark
artifactId = spark-core_2.11
version = 2.2.1
groupId = org.apache.spark
artifactId = spark-streaming_2.11
version = 2.2.1
groupId = org.apache.spark
artifactId = spark-streaming-kafka-0-10_2.11
version = 2.2.1
```

这个应用需要两个参数：

- 一个 Kafka 代理者列表，其中以逗号分隔。
- 一个 Kafka 主题列表，其中以逗号分隔。

```
val Array(brokers, topics) = args
```

接下来需要创建 Spark 流上下文。设定一个 5 秒的批处理时间间隔：

```
val sparkConf = new
SparkConf().setAppName("DirectKafkaWordCount").setMaster(master)
val ssc = new StreamingContext(sparkConf, Seconds(5))
```

使用给定的代理者和主题创建一个直接的 Kafka 流：

```
val topicsSet = topics.split(",").toSet
val kafkaParams = Map[String, String]("metadata.broker.list" -> brokers)
val messages = KafkaUtils.createDirectStream[String, String,StringDecoder, StringDecoder](
        ssc, kafkaParams, topicsSet)
```

现在，可以实现单词计数了，即从流中提取行，将其拆分为单词，再对单词进行计数，然后输出结果：

```
val lines = messages.map(_._2)
val words = lines.flatMap(_.split(" "))
val wordCounts = words.map(x => (x, 1L)).reduceByKey(_ + _)
wordCounts.print()
```

最后，开始计算并保持活动状态，直到收到终止信号：

```
ssc.start()
ssc.awaitTermination()
```

在运行此示例之前，需要启动 Kafka 集群并创建一个主题。Kafka 的二进制文件可以从官网（http://kafka.apache.org/downloads）中下载。下载完成后可以按照以下步骤进行操作。

首先开启一个 Zookeeper 节点：

```
$KAFKA_HOME/bin/zookeeper-server-start.sh
$KAFKA_HOME/config/zookeeper.properties
```

它将开始监听默认端口：2181。

接着，开启一个 Kafka 代理者：

```
$KAFKA_HOME/bin/kafka-server-start.sh $KAFKA_HOME/config/server.properties
```

它将开始监听默认端口：9092。

创建一个名为 packttopic 的主题：

```
$KAFKA_HOME/bin/kafka-topics.sh --create --zookeeper localhost:2181 --
replication-factor 1 --partitions 1 --topic packttopic
```

确认主题已经被成功创建：

```
$KAFKA_HOME/bin/kafka-topics.sh --list --zookeeper localhost:2181
```

此主题名 packttopic 应该被控制台输出到要输出的列表中。

现在，可以为新主题生成消息了。开启一个生产者的命令行：

```
$KAFKA_HOME/bin/kafka-console-producer.sh --broker-list localhost:9092 -- topic packttopic
```

在这里，可以将一些信息写入生产者的控制台：

```
First message
Second message
Third message
Yet another message for the message consumer
```

接着构建一个 Spark 应用程序并通过命令$SPARK_HOME/bin/spark-submit 执行它。其中指定了 JAR 文件名、Spark 主 URL、作业名称、主类名称、每个执行器的最大内存和作业参数（localhost:9092 和 packttopic）。

Spark 作业为每个消耗的消息行输出的内容如下：

```
------------------------------------------
Time: 1527457655000 ms
------------------------------------------
(consumer,1)
(Yet,1)
(another,1)
(message,2)
(for,1)
(the,1)
```

4.3 通过 DL4J 和 Spark 处理实时数据流

在本节中，将使用 Kafka 和 Spark 将数据流应用于 DL4J 应用程序的场景。要使用的 DL4J 模块是 DataVec。回顾一下在 4.2.2 小节中介绍的示例。想要实现的是通过 Spark 直接使用 Kafka 流，然后在输入数据到达时立即使用 DataVec 进行转换，最后再在下游中使用。

首先定义输入模式。这是我们建议的 Kafka 主题使用的消息模式。这个模式结构与经典的 Iris 数据集结构相同（https://en.wikipedia.org/wiki/Iris_flower_data_set）：

```
val inputDataSchema = new Schema.Builder()
    .addColumnsDouble("Sepal length", "Sepal width", "Petal length","Petal width")
    .addColumnInteger("Species")
    .build
```

定义一个转换（我们要移除花瓣的部分，因为我们需要对萼片部分进行特征分析）：

```
val tp = new TransformProcess.Builder(inputDataSchema)
    .removeColumns("Petal length", "Petal width")
```

```
        .build
```

现在可以生成新的模式（在数据被转换后）：

```
val outputSchema = tp.getFinalSchema
```

接下来的 Scala 应用程序部分与 4.2.2 小节中的示例一样，在这里创建一个 5 秒批处理时间间隔的实时流上下文和直连 Kafka 流：

```
val sparkConf = new
SparkConf().setAppName("DirectKafkaDataVec").setMaster(master)
val ssc = new StreamingContext(sparkConf, Seconds(5))
val topicsSet = topics.split(",").toSet
val kafkaParams = Map[String, String]("metadata.broker.list" -> brokers)
val messages = KafkaUtils.createDirectStream[String, String,
StringDecoder, StringDecoder](
    ssc, kafkaParams, topicsSet)
```

获取输入行：

```
val lines = messages.map(_._2)
```

lines 是一个 DStream[String]。我们需要为每个 RDD 进行迭代，将其转换为 javaRdd（DataVec 读取需要），使用 DataVec CSVRecordReader 方法，解析输入的以逗号分隔的消息，转换应用模式，最后输出结果：

```
lines.foreachRDD { rdd =>
    val javaRdd = rdd.toJavaRDD()
    val rr = new CSVRecordReader
    val parsedInputData = javaRdd.map(new StringToWritablesFunction(rr))
    if(!parsedInputData.isEmpty()) {
        val processedData = SparkTransformExecutor.execute(parsedInputData, tp)
        val processedAsString = processedData.map(new
WritablesToStringFunction(","))
    val processedCollected = processedAsString.collect
    val inputDataCollected = javaRdd.collect
    println("\n\n---- Original Data ----")
    for (s <- inputDataCollected.asScala) println(s)
    println("\n\n---- Processed Data ----")
    for (s <- processedCollected.asScala) println(s)
    }
}
```

最后，开启实时流上下文并保持其活动状态，等待终止信号：

```
ssc.start()
ssc.awaitTermination()
```

为了运行这个示例，需要开启一个 Kafka 集群和创建一个名为 csvtopic 的新主题。步骤与 4.2.2 小节中的示例一致。当主题创建后，就可以开始生成以逗号分隔的消息。使用如下命令创建一个生产者：

```
$KAFKA_HOME/bin/kafka-console-producer.sh --broker-list localhost:9092 --
topic csvtopic
```

现在，可以写入一些消息到生产者的控制台：

```
5.1,3.5,1.4,0.2,0
4.9,3.0,1.4,0.2,0
4.7,3.2,1.3,0.2,0
4.6,3.1,1.5,0.2,0
```

接下来构建起 Spark 应用程序并使用 $SPARK_HOME/bin/spark-submit 命令执行它，在其中指定 JAR 文件名、Spark 主 URL、作业名称、主类名称、每个执行器所需要的最大内存和作业参数（localhost:9092 和 csvtopic）。

Spark 作业为每个消耗的消息行输出的内容如下：

```
4.6,3.1,1.5,0.2,0
---- Processed Data ----
4.6,3.1,0
```

该示例的完整代码可以在与本书配套的源代码中找到（网址为 https://github.com/PacktPublishing/Hands-On-Deep-Learning-with-Apache-Spark）。

4.4 小结

为了对数据提取有全面的了解，在第 3 章中探讨了训练、评估和运行深度学习模型，在本章又探讨了执行实时数据流时可以运用的不同选项。

本章总结了对 Apache Spark 特征的探讨。从第 5 章开始，重点将会放在 DL4J 和其他深度学习框架的特征上。这些将会在不同的场景中应用，这些场景都是基于 Spark 实现的。

第 5 章

卷积神经网络

在第 2 章中，高度概述了卷积神经网络（CNN）的概念。在本章中，将更深入地了解这种类型的 CNN，了解如何实现它们的层，并通过 DL4J 框架实现 CNN。在本章的最后，同样涉及了 Apache Spark 的示例。针对 CNN 的训练和评估策略将在第 7 章、第 8 章与第 9 章中介绍。在不同层的表述中，将尽可能地减少数学概念和公式的使用，以便没有数学或数据科学背景的开发人员与分析人员更易于阅读和理解。因此，就可以更多地专注于 Scala 的代码实现。

本章主要包含以下内容：

- 卷积层。
- 池化层。
- 完全连接层。
- 权重。
- GoogLeNet Inception V3 模型。
- Spark CNN 的实践。

5.1　卷积层

在学习过第 2 章后，应该知道通常在什么情况下使用 CNN。在本章中，我们也了解到同一个 CNN 的每层可以具有不同的实现方式。本章的前三节从卷积层开始详细描述可能的层实现。首先，我们回顾 CNN 感知图像的过程。它们将图像看作是立体的（3D 对象）而不是二维画布（只有高度和宽度），原因是：数字彩色图像是一种红绿蓝（RGB）编码，这些颜色的混合才产生了可以被人眼感知的光谱。这也意味着 CNN 会将图像提取为三层独立的颜色，一层在另一层之上。在接收到一个矩形框形式的彩色图像时运行这样的转换，以像素为单位测量宽度和高度，并依据 RGB 编码将每种颜色划分为一层，共三层（也称为通道）深度。简而言之，CNN 将输入图像视为多维数组。

让我们举一个实际的例子。如果我们研究一个 480×480 的图像，神经网络会将其视为 480×480×3 的数组，其中每个元素的值的范围都可以在 0～255，这些给定的值描述了像素的强度。这是人眼与机器的主要区别：这些数组是机器唯一可用的输入方式。这些输入数据被计算机接收再输出，成为描述图像概率的数字并被确定为某一类别。CNN 的第一层都是卷积的。假设输入一个像素值是 32×32×3 的数组，让我们试着想象一个简单、清晰、可视化的具体卷积层是什么样的。

让我们尝试假想一个照在图像左上角的火炬。这个火炬照射了一个 5×5 的区域，如图 5-1 所示。

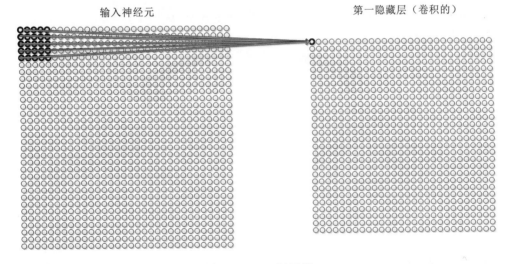

输入神经元　　　　　　　　　　　　　　　第一隐藏层（卷积的）

图 5-1　5×5 过滤器

然后，这个假想的照射火炬开始在图像的所有区域上滑动，专业术语称之为过滤器（神经元、卷积核），而被照亮的图像区域称为感受野。在数学领域中，过滤器就是一个由数字组成的数组（也叫作权重或参数）。过滤器的深度必须与输入的深度匹配。参考本节的示例，一个尺寸为 5×5×3 的过滤器。过滤器首先覆盖的是输入图像的左上角（如图 5-1 所示）。当过滤器在图像上滑动或卷积（源自拉丁语的动词 convolvere，意思是包装起来）时，它将原始图像的值与其自身的值相乘。然后将所有的乘法结果相加（在本示例中，一共有 75 个乘法）。输出结果仅是单个数字，用以表示过滤器何时只位于输入图像的左上方。接着，对输入图像上的每个位置重复此过程。与第一次一样，每个唯一的位置都产生一个单独的数字。当过滤器在图像上所有位置都完成了滑动过程，输出的结果会是一个 28×28×1（给定的是一个 32×32 的输入图像，一个 5×5 的过滤器可以有 784 个不同的位置）的数字数组，被称为激活图（也叫特征图）。

5.2 池化层

通常的做法是定期在 CNN 模型的连续卷积层之间插入池化层（接下来将会看到的本章代码示例来自第 7 章）。这种层所包含的网络参数的量是递减的（可以大大降低转换的计算成本）。事实上，空间池化（在文献中也称之为下采样或二次采样）是一种减少特征图维数并同时保留信息中最重要部分的技术。存在不同类型的空间池化。最常用的是最大池化、平均池化、总和与 L2 范数。

让我们以最大池化为例。这个技术需要定义一个空间邻居（通常是一个 2×2 的窗口），然后在被校正的特征图窗口中的最大元素被提取出来。平均池化策略需要获取给定窗口中所有元素的平均值或总和。一些论文和实际用例显示最大池化相比于其他空间池化技术，输出的结果更好。

图 5-2 展示了一个最大池化操作的示例（这里使用 2×2 的窗口）。

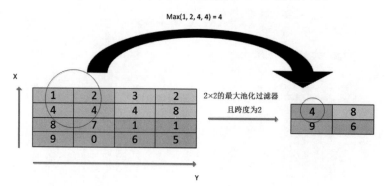

图 5-2 使用 2×2 窗口的最大池化操作

5.3 完全连接层

CNN 的最后一层是完全连接层。在给定输入体积的情况下，完全连接层将返回多维向量作为输出。输出向量的维数与要解决的特定问题的类数相同。

本章和书中的其他部分介绍了一些实现 CNN 的示例和以数字分类为目的的训练。在这些情景中，输出向量的维数将会是 10（可能是数字 0～9）。10 维的输出向量中的每个数字表示某类（数字）的概率。以下是一个数字分类推理的输出向量：

    [0 0 0 .1 .75 .1 .05 0 0 0]

如何解释这些值呢？这个神经网络告诉我们，它认为输入图像是 4 的概率为 75%（这个情况下最高的可能性），图像是 3 或者 5 的概率是 10%，图像 6 的概率是 5%。完全连接层查看同一网络中的上一层输出并确定与某一类别最相关的特征。

相同的情景不仅发生在数字分类中。图像分类的一个常见用例是，如果一个模型已经使用动物图像训练过并可以预测输出图像，例如是一匹马。它将在激活图中具有高值，这些表示特定的高级特征，这里就提两条，例如四条腿或一条尾巴。同样，如果同一模型预测的图像是另一种动物，假定是鱼，它将在激活图中具有高值，这些表示特定的高级特征，例如鳍或鳃。可以说一个全连接层重点查看那些高级特征，对特定的类具有强相关性和特定的权重：这确保了每个不同的类在权重和上一层经过计算后获得了正确的概率。

5.4 权重

CNN 在卷积层中共享权重。这意味着相同的过滤器被应用于层中的每个感受野，而且这些感受单元共享这些相同的参数（权重向量和偏差）和形成特征图。

图 5-3 显示了同一特征图网络的三个隐藏单元。

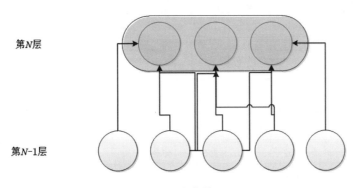

图 5-3 隐藏单元

图 5-3 中深灰色区域的权重是共享且相同的。无论它们在视野中的什么位置，这些感受器都可以检测到特征。共享权重的另一个好处是：由于极大地减少了需要学习的参数，学习过程的效率得到了提升。

5.5 GoogLeNet Inception V3 模型

作为 CNN 的具体实现方式,本节将介绍 Google(https://www.google.com/)的 GoogLeNet (https://ai.google/research/pubs/pub43022) 架构和它的初始层。它曾在 2014 年的 ILSVR(ImageNet Large Scale Visual Recognition Challenge, http://www.image-net.org/challenges/LSVRC/2014/)大赛上展示过并毫无争议地赢得了冠军。它拥有以下显著的特征: 增加了深度和宽度,并且在同一时间有固定的计算预算。改进的计算资源利用率也是网络设计的一部分。

表 5-1 总结了上下文中提到过的该网络所包括的所有层。

表 5-1　GoogLeNet 网络

type	patch size/stride	output size	depth	#1×1	#3×3 reduce	#3×3	#5×5 reduce	#5×5	poolproj	params	ops
convolution	7×7/2	112×112×64	1							2.7K	34M
max pool	3×3/2	56×56×64	0								
convolution	3×3/1	56×56×192	2		64	192				112K	360M
max pool	3×3/2	28×28×192	0								
inception(3a)		28×28×256	2	64	96	128	16	32	32	159K	128M
inception(3b)		28×28×480	2	128	128	192	32	96	64	380K	304M
max pool	3×3/2	14×14×480	0								
inception(4a)		14×14×512	2	192	96	208	16	48	64	364K	73M
inception(4b)		14×14×512	2	160	112	224	24	64	64	437K	88M
inception(4c)		14×14×512	2	128	128	256	24	64	64	463K	100M
inception(4d)		14×14×528	2	112	144	288	32	64	64	580K	119M
inception(4e)		14×14×832	2	256	160	320	32	128	128	840K	170M
max pool	3×3/2	7×7×832	0								
inception(5a)		7×7×832	2	256	160	320	32	128	128	1072K	54M
inception(5b)		7×7×1024	2	384	192	384	48	128	128	1388K	71M
avg pool	7×7/1	1×1×1024	0								
dropout(40%)		1×1×1024	0								
linear		1×1×1000	1							1000K	1M
softmax		1×1×1000	0								

这里有 22 个带有参数的层(不包括池化层,如果包括的话总共是 27 层),仅为以往的获胜架构的 1/12。这个网络在设计时考虑了计算效率和实用性,因此可以推断,它可以在资源有限

的独立设备上运行，路由器是内存占用量较小的设备。所有的卷积层都使用线性整流函数（ReLU）激活。在 RGB 色彩空间（零均值化）的感受野是 224×224。从表 5-1 中可以看出，减少的#3×3 和#5×5 是在 3×3 和 5×5 卷积层之前的缩小层中的 1×1 过滤器的数量。这些缩小层的激活函数也是 ReLU。

在这个链接（`https://user-images.githubusercontent.com/32988039/33234276-86fa05fc-d1e9-11e7-941e-b3e62771716f.png`）中展示了网络的示意图。

在此架构中，每个单元对应前一层输入图像的一个区域，这些单元被分组为过滤器组。越靠近输入的层中，对应的单元越集中在局部区域。这导致许多集群集中在单个的区域，因此它们可以在之后的层中被 1×1 的卷积所覆盖。然而，较大的分块会被少量空间分散的集群的卷积所覆盖，并且在较大的区域上分块的数量会减少。为了防止这种配对问题，这个初始架构的实现仅使用 1×1、3×3 和 5×5 的过滤器。推荐的架构是，这些层组合后的输出过滤器组汇总为一个单独的输出向量，以表示下一阶段的输入。

另外，增加一个额外的池化路径于每个阶段并行，这样可以对后期产生有益的影响。

根据图 5-4，可以看到就计算成本而言，对于拥有大量过滤器的图层使用 5×5 的卷积开销过于高昂（即使数量不多）。而且，当添加更多的池化单元后就会成为一个大问题，因为输出过滤器的数量等于前一阶段的过滤器数量。将池化层与卷积层的输出合并，将不可避免地导致一个阶段到另一个阶段的输出越来越多。由于这个原因，已经针对 Inception 架构提出了第二个计算方面的想法。新的设想是在计算需求增加太多的地方减少维度。需要注意一点：低维的嵌入可能会包含大量较大的图像信息，但是以压缩形式表示信息，会使它们难以处理。所以最好的处理方式是保持大多数地方的稀疏状态，且仅在有大量聚集信号的情况下才进行压缩。因此，为了减少计算量，先使用 1×1 的卷积，再使用开销大的 3×3 和 5×5 的卷积。

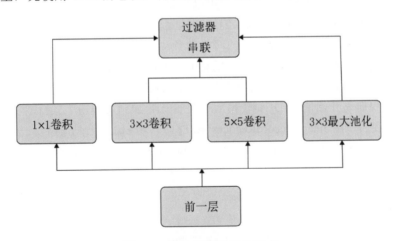

图 5-4　初始模型的默认版本

根据上述的探讨，图 5-5 显示了新的模块设计。

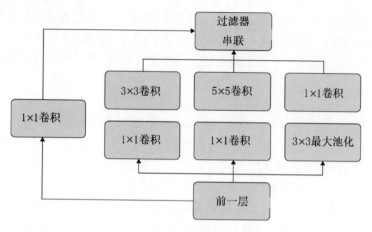

图 5-5 初始模型的降低维度版本

5.6 Spark CNN 的实践

本章的前几节介绍了 CNN 的原理与 GoogLeNet 架构。如果这是你第一次阅读这些概念，那么你可能想知道如何用复杂的 Scala 代码实现 CNN 模型、训练和评估他们。应用 DL4J 这种高级框架，你将发现许多现成的工具，让实现的过程比预期的要容易得多。

在本节中将介绍一个使用 CNN 配置并用 DL4J 和 Spark 框架训练的真实示例。所使用的训练数据来自 MNIST 数据集（http://yann.lecun.com/exdb/mnist/），它包含多个手写数字的图像，并且每个图像被一个整数标记。它用以调整机器学习和深度学习算法的基准性能。它包含 60000 个示例的训练集和 10000 个示例的测试集。训练集用来训练算法识别正确的标签（对应的整数），而测试集用来检查经过训练的网络的预测准确度。

在我们的示例中，首先下载 MNIST 数据集并将其提取到本地，会自动创建名为 mnist_png 的目录。它有两个子目录，分别是包含训练数据的 training 和包含测试数据的 testing。

第一步，让我们先开始使用 DL4J（稍后会将 Spark 加到堆栈内）。首先要做的是对训练数据进行矢量化。我们使用 ImageRecordReader（https://deeplearning4j.org/ datavecdoc/org/datavec/image/recordreader/ImageRecordReader.html）作为读取器，因为训练数据是图像；并使用 RecordReaderDataSetIterator（http://javadox.com/org.deeplearning4j/deeplearning4j -core/0.4-rc3.6/org/deeplearning4j/datasets/canova/RecordReaderDataSetIterator.html）遍历数据集，如下所示：

```
val trainData = new ClassPathResource("/mnist_png/training").getFile
val trainSplit = new FileSplit(trainData,
NativeImageLoader.ALLOWED_FORMATS, randNumGen)
val labelMaker = new ParentPathLabelGenerator(); // 父路径图像标签
```

```
val trainRR = new ImageRecordReader(height, width, channels, labelMaker)
trainRR.initialize(trainSplit)
val trainIter = new RecordReaderDataSetIterator(trainRR, batchSize, 1,
outputNum)
```

接下来将像素值从 0～255 缩放到 0～1，如下所示：

```
val scaler = new ImagePreProcessingScaler(0, 1)
scaler.fit(trainIter)
trainIter.setPreProcessor(scaler)
```

对测试数据也需要进行相同的矢量化处理。

按如下方式配置网络：

```
val channels = 1
val outputNum = 10
val conf = new NeuralNetConfiguration.Builder()
    .seed(seed)
    .iterations(iterations)
    .regularization(true)
    .l2(0.0005)
    .learningRate(.01)
    .weightInit(WeightInit.XAVIER)
    .optimizationAlgo(OptimizationAlgorithm.STOCHASTIC_GRADIENT_DESCENT)
    .updater(Updater.NESTEROVS)
    .momentum(0.9)
    .list
    .layer(0, new ConvolutionLayer.Builder(5, 5)
        .nIn(channels)
        .stride(1, 1)
        .nOut(20)
        .activation(Activation.IDENTITY)
        .build)
    .layer(1, new
SubsamplingLayer.Builder(SubsamplingLayer.PoolingType.MAX)
        .kernelSize(2, 2)
        .stride(2, 2)
        .build)
    .layer(2, new ConvolutionLayer.Builder(5, 5)
        .stride(1, 1)
        .nOut(50)
        .activation(Activation.IDENTITY)
        .build)
    .layer(3, new
SubsamplingLayer.Builder(SubsamplingLayer.PoolingType.MAX)
        .kernelSize(2, 2)
```

```
            .stride(2, 2)
            .build)
    .layer(4, new DenseLayer.Builder()
            .activation(Activation.RELU)
            .nOut(500)
            .build)
    .layer(5, new
OutputLayer.Builder(LossFunctions.LossFunction.NEGATIVELOGLIKELIHOOD)
    .nOut(outputNum)
    .activation(Activation.SOFTMAX).build)
    .setInputType(InputType.convolutionalFlat(28, 28, 1))
    .backprop(true).pretrain(false).build
```

可以将生成的 MultiLayerConfiguration 对象（https://deeplearning4j.org/doc/org/
deeplearning4j/nn/conf/MultiLayerConfiguration.html）用于初始化模型（https://
deeplearning4j.org/doc/org/deeplearning4j/nn/multilayer/MultiLayerNetwork.html），如
下所示：

```
val model: MultiLayerNetwork = new MultiLayerNetwork(conf)
model.init()
```

现在我们可以开始训练（和评估）模型了，如下所示：

```
model.setListeners(new ScoreIterationListener(1))
for (i <- 0 until nEpochs) {
    model.fit(trainIter)
    println("*** Completed epoch {} ***", i)
    ...
}
```

接下来让我们把 Spark 也加入这场"游戏"。通过 Spark 就可以在集群内多节点的内存中并
行地进行训练和评估。

与往常一样，先创建一个 Spark 上下文，如下所示：

```
val sparkConf = new SparkConf
sparkConf.setMaster(master)
        .setAppName("DL4J Spark MNIST Example")
val sc = new JavaSparkContext(sparkConf)
```

然后，在矢量化训练数据后，通过 Spark 上下文将它们并行处理，如下所示：

```
val trainDataList = mutable.ArrayBuffer.empty[DataSet]
while (trainIter.hasNext) {
    trainDataList += trainIter.next
}
val paralleltrainData = sc.parallelize(trainDataList)
```

对测试数据也需要做同样的事情。

配置和初始化模型后，可以配置 Spark 进行训练，如下所示：

```
var batchSizePerWorker: Int = 16
val tm = new ParameterAveragingTrainingMaster.Builder(batchSizePerWorker)
    .averagingFrequency(5)
    .workerPrefetchNumBatches(2)
    .batchSizePerWorker(batchSizePerWorker)
    .build
```

创建 Spark 网络：

```
val sparkNet = new SparkDl4jMultiLayer(sc, conf, tm)
```

最后，用下面的代码替换之前的训练代码：

```
var numEpochs: Int = 15
var i: Int = 0
for (i <- 0 until numEpochs) {
    sparkNet.fit(paralleltrainData)
    println("Completed Epoch {}", i)
}
```

完成后，请不要忘记删除临时的训练文件，如下所示：

```
tm.deleteTempFiles(sc)
```

完整的示例可以在随书附赠的源代码中得到。

5.7 小结

在本章，我们首先深入地学习了 CNN 的主要概念并探讨了 CNN 架构中最流行且性能最佳的 Google 所提供的示例，然后开始使用 DL4J 和 Spark 实现了一些代码。

在第 6 章，将遵循相似的方式更深入地学习 RNN。

第**6**章

循环神经网络

本章将开始详细地学习循环神经网络（RNN），先总览一些常见的示例，最后尝试用 DL4J 框架上手实践。本章代码示例也同样涉及 Apache Spark。如第 5 章所述，RNN 的训练和评估策略也将在第 7 章、第 8 章与第 9 章中详述。

在本章，我们仍然尽可能地减少数学概念和公式的使用，让数学基础和数据分析能力较弱的读者可以更容易阅读和理解。

本章主要包含以下内容：

- **LSTM**。
- 使用场景。
- 上手实践 Spark RNN。

6.1 LSTM

RNN 是用于识别数据序列模式的多层神经网络。所谓的数据序列是指文本、手写文本、数字的时间序列（如来自传感器的）、日志条目等。在这里的算法需要涉及时间维度，它们的信息同时包括序列和时间（这是与 CNN 的主要区别）。为了很好地理解 RNN，需要先了解前馈网络的基础概念。与 RNN 类似，这种网络通道的信息通过一系列的数学运算在各个网络节点上传递，它们的数据信息直接穿过网络，不会重复经过同一节点。输入示例反馈给网络，然后将这些输入示例转换为输出，简而言之，它们将原始数据转换到分类。通过有标签的输入不断进行训练，直到对输入数据的预测达到最小的错误率。这是神经网络学习对没见过的新数据进行分类的方式。在前馈网络中没有时间顺序的概念，输入仅参考它的最近的一个被揭示的输入，而且它也不一定会影响下一个输入的分类。RNN 将当前输入的示例和以前输入的任何内容作为输入。一个 RNN 可以看作是多个混合的前馈网络，信息从一个传递到另一个。

在 RNN 的使用场景中，序列可以是有限或无限实时流的相互依赖数据。CNN 不能在这种场景中很好地工作，因为它们在上一个和下一个输入之间没有任何关联。从第 5 章开始，已经学习了 CNN 获取输入，然后根据训练后的模型输出结果。运行给定数量的不同输入，它们不会因为之前的输入产生任何偏差。但是如果你思考本章后面介绍的场景（生成句子的示例），其中所有生成的单词都依赖于之前生成的单词，这里需要基于之前的输入产生偏差。这是 RNN 的独特之处，因为它们可以存储数据序列中较早发生的事情，这可以帮助它们理解上下文。理论上 RNN 可以无限期地回顾所有之前的步骤，但实际上由于性能的原因，它们不得不被限制为只能回顾最后几步。

让我们继续深入研究 RNN。我们将从多层感知机（Multilayer Perception，MLP）开始解释，这是前馈人工神经网络的一类。最小的 MLP 实现至少具有三层节点。但是对于输入节点，每个节点都是一个使用非线性激活函数的神经元。接入层的作用当然是接收输入数据。它是第一个执行激活的隐藏层，然后传递至下一个隐藏层，以此类推。最后，它到达输出层，其负责提供输出。所有隐藏层的行为都不同，因为每层有不同的权重、偏差和激活函数。为了更简单地合并它们，所有层需要被替换成相同的权重（以及相同的偏差和激活函数）。这是将所有隐藏层整合成单个循环层的唯一方式。RNN 的示意图如图 6-1 所示。

参考图 6-1，网络 H 接收输入的 x 并产生输出 o。任何信息都会通过网络的循环机制从一个步骤传递到下一个步骤。在网络中的每个步骤，都会有一个输入提供给隐藏层。RNN 的任何神经元都在存储之前所有步骤接收到的输入，然后可以将它们整合后作为当前步骤的输入进行传递。这意味着在时间 $t-1$ 的步骤作的决策会影响时间 t 的步骤的决策。

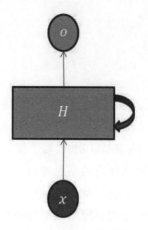

图 6-1　RNN 示意图

让我们用一个示例重新演示前面的解释：假设我们要预测一系列字母后的下一个字母。假设要输入的单词是 pizza，它有五个字母。当将前四个字母输入网络后，网络试图找出第五个字母时会发生什么？隐藏层会发生第五次迭代。如果我们展开网络，它将会是一个五层网络，每层仅输入一个字母（参考图 2-10）。我们可以将它看作是一个重复了五次的常规神经网络。将其展开的次数与它可以记忆的网络距离有直接关系。回到 pizza 的示例，输入数据的总词汇量为 {p, i, z, a}。隐藏层或 RNN 应用公式到当前的输入以及之前的状态中。在本示例中，pizza 的字母 p 是第一个字母，在它之前没有任何信息，所以在这里不进行任何操作，继续读取下一个字母。此公式由隐藏层在字母 i 和前一个状态（字母 p）之间的时刻运行。如果字母 i 的输入时间是给定的时刻 t，则在时刻 t-1 输入字母 p。通过将公式同时应用于 p 和 i，可以得到一个新的状态。计算当前状态的公式可以写为如下形式：

$$h_t = f(h_{t-1}, x_t)$$

其中，h_t 是新状态，h_{t-1} 是前一个状态，x_t 是当前输入。从上面的公式中，可以了解到当前的状态是前一个输入的函数（输入神经元已在先前的输入上应用了转换）。任何连续的输入都将作用于时间步。在本示例中，有四个输入给到网络中。在每个时间步上，相同的函数和权重被应用于网络。考虑便捷实现 RNN，激活函数使用 tanh，即双曲正切函数，范围是-1～1，这是 MLP 中最常用的 S 形激活函数之一，公式如下：

$$h_t = \tanh(w_{hh}h_{t-1} + w_{xh}x_t)$$

这里的 w_{hh} 是循环神经元的权重，w_{xh} 是输入神经元的权重。此公式意味着循环神经元会将前一状态考虑在内。当然，当该公式应用于比 pizza 更长的序列时，可以包含更多的状态。一旦计算出最终状态，可以通过如下公式得到输出 y_t：

$$y_t = w_{hy}h_t$$

最后对错误进行一些介绍。通过将输入与实际输出进行比较，一旦计算出现错误，就通过网络的反向传播进行学习过程，以达到更新网络权重的目的。

6.1.1　随时间反向传播

前面已经提出了 RNN 的多种变体结构（其中一些已经在 2.2.2 小节中列出）。在探讨如何实现 LSTM 前，需要先花时间了解前面介绍的通用的 RNN 架构存在的问题。通常对于神经网络来说，向前传播是用于获取模型的输出与检查输出正确性的技术；向后传播是一种通过神经网络查找权重上的误差偏导数（用权重从中减去得到的值）的技术。这些导数随后由梯度下降算法以迭代的方式使用，它将函数最小化，然后向上或向下调整权重（方向取决于可以减少错误的方向）。在训练时，反向传播是用来调整权重的方法。随时间反向传播（BPTT）是在展开的 RNN 上进行反向传播的一种方法。参考图 2-10，在使用 BPTT 时必须展开公式，给定时间步的误差取决于上一个误差。在 BPTT 技术中，误差将从最后一个时间步反向传播至最开始，同时也会展开所有的误差。这样每个时间步对误差进行计算，从而可以更新权重。请注意，BPTT 可能会因为过多的时间步在计算资源上有过高的开销。

6.1.2　RNN 存在的问题

影响 RNN 的两个主要问题是梯度爆炸（Exploding Gradients）和梯度消失（Vanishing Gradients）。所谓的梯度爆炸是当算法被分配时，无缘由地导致模型权重值变得非常大。解决这个问题也很容易，只需要进行梯度截断或压缩。所谓的梯度消失是指梯度的值过小，从而导致模型停止学习或花费过长的时间进行学习。相对于梯度爆炸来说它是一个更重要的问题，但现在已经可以通过长短期记忆（Long Short-Term Memory，LSTM）神经网络解决了。LSTM 是一种特殊的 RNN，可以学习长期的依赖关系，由 Sepp Hochreiter（https://en.wikipedia.org/wiki/Sepp_Hochreiter）和 Juergen Schmidhuber（https://en.wikipedia.org/wiki/J%C3%BCrgen_Schmidhuber）在 1997 年提出。

它们经过明确的设定具有用来长时间记忆信息的默认功能。之所以能够实现这一点，是因为 LSTM 将这些信息保存到内存中，这种方式与计算机相似，LSTM 可以从中进行读写和删除操作。LSTM 的内存可以看作一个门控单元：它决定了是否存储或删除信息（是否开门），其依赖于被给定信息的重要性。重要性的分配是通过权重执行的：网络会随着时间的推移学习区分哪些信息重要、哪些信息不重要。LSTM 具有三种门：输入门（Input Gate）、遗忘门（Forget Gate）和输出门（Output Gate）。输入门确定是否让新的输入进入，遗忘门删除不重要的信息，输出门影响网络当前时间步的输出，如图 6-2 所示。

可以将这三种门视为传统的人工神经元，就像前馈 MNN（Multilayer Neural Network，多层神经网络）一样：它们计算激活（使用激活函数）的加权和。LSTM 能够进行反向传播的原因是它是模拟的（S 形，范围为 0～1）。这种实现方式可以解决梯度消失的问题，由于它可以保持梯度足够陡峭，因此训练可以在相对更短的时间内完成，且同时保持了高准确性。

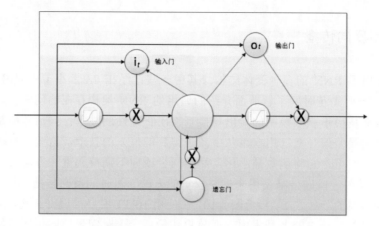

图 6-2　一个 LSTM 中的三种门

6.2　使用场景

RNN 有多种使用场景，以下是一些常见的场景。

- **语言建模和文本生成**：用于在给定单词序列的情况下，尝试预测一个可能的单词。这对于语言翻译很有用，最有可能的句子就是正确的句子。
- **机器翻译**：尝试将文本从一种语言翻译成另一种语言。
- **对时间序列的异常检测**：已经证实，由于 LSTM 网络具有保存长期记忆的能力，所以十分适合学习含有长期模式的未知长度的序列。因此它们基于时间序列进行异常或故障检测十分有效。具体的例子是日志分析和传感器数据分析。
- **语音识别**：根据输入的声波预测语音段，然后尝试匹配出一个单词。
- **语义解析**：将自然语言转换成逻辑形式——一种让机器可以理解的方式。实际应用包括问题解答和编程代码生成。
- **图片标注**：这种情况通常涉及 CNN 和 RNN 的结合使用。使用进行分割，然后 RNN 使用由 CNN 分割的数据重新创建描述。
- **影片标记**：在对视频的图像进行逐帧标注后，可以用 RNN 进行视频搜索。
- **图像生成**：可以独立于其他情景而创建一个细化后的草图，最后产生的图片无法通过肉眼将其与实际图片相区分。

6.3　上手实践 Spark RNN

现在让我们开始上手操作 RNN。本节分为两部分，第一部分是使用 DL4J 实现一个网络；第二部分是同时使用 DL4J 和 Spark 实现目的。与 CNN 一样，你将发现多亏了 DL4J 框架，很多的高级功能都已内置于其中，因此实现的过程要比预期的容易许多。

6.3.1　基于 DL4J 的 RNN

第一个示例是 LSTM，经过训练后，当第一个字符被学习使用后将会作为下一次的输入，以此来输出后续的字符。

此示例所需的依赖包如下：

- Scala 2.11.8。
- DL4J NN 0.9.1。
- ND4J Native 0.9.1，运行它的操作系统具有指定的过滤器。
- ND4J jblas 0.4-rc3.6。

假设我们有一个通过不可变量指定的学习字符串 LEARNSTRING，从中创建一个可能字符的专用列表，如下所示：

```
val LEARNSTRING_CHARS: util.LinkedHashSet[Character] = new
util.LinkedHashSet[Character]
for (c <- LEARNSTRING) {
        LEARNSTRING_CHARS.add(c)
}
LEARNSTRING_CHARS_LIST.addAll(LEARNSTRING_CHARS)
```

接下来配置网络，如下所示：

```
val builder: NeuralNetConfiguration.Builder = new
NeuralNetConfiguration.Builder
builder.iterations(10)
builder.learningRate(0.001)
builder.optimizationAlgo(OptimizationAlgorithm.STOCHASTIC_GRADIENT_DESCENT)
builder.seed(123)
builder.biasInit(0)
builder.miniBatch(false)
builder.updater(Updater.RMSPROP)
builder.weightInit(WeightInit.XAVIER)
```

你将会注意到我们使用的 NeuralNetConfiguration.Builder 类与第 5 章介绍的 CNN 示例中是一样的。你需要使用 DL4J 实现的任何网络都使用相同的抽象。使用的优化算法是随机梯度下降法（Stochastic Gradient Descent，https://en.wikipedia.org/wiki/Stochastic_gradient_descent）。其他参数将在第 7 章详细讲解训练的时候进行阐述。

接下来定义网络中的各层。我们正在实现的模型是基于艾利克斯·格雷夫斯（Alex Graves，https://en.wikipedia.org/wiki/Alex_Graves_(computer_scientist)）提出的 LSTM RNN。在确认它们的总数后将值分配给不可变变量 HIDDEN_LAYER_CONT，用来定义网络的隐藏层，如下所示：

```
val listBuilder = builder.list
for (i <- 0 until HIDDEN_LAYER_CONT) {
    val hiddenLayerBuilder: GravesLSTM.Builder = new GravesLSTM.Builder
    hiddenLayerBuilder.nIn(if (i == 0) LEARNSTRING_CHARS.size else
HIDDEN_LAYER_WIDTH)
    hiddenLayerBuilder.nOut(HIDDEN_LAYER_WIDTH)
    hiddenLayerBuilder.activation(Activation.TANH)
    listBuilder.layer(i, hiddenLayerBuilder.build)
}
```

激活函数是 tanh（双曲正切）。

然后接下来要定义 outputLayer（选择 softmax 作为激活函数），如下所示：

```
val outputLayerBuilder: RnnOutputLayer.Builder = new
RnnOutputLayer.Builder(LossFunction.MCXENT)
outputLayerBuilder.activation(Activation.SOFTMAX)
outputLayerBuilder.nIn(HIDDEN_LAYER_WIDTH)
outputLayerBuilder.nOut(LEARNSTRING_CHARS.size)
listBuilder.layer(HIDDEN_LAYER_CONT, outputLayerBuilder.build)
```

在完成配置前，必须指定该模型未进行预训练并且使用反向传播，如下所示：

```
listBuilder.pretrain(false)
listBuilder.backprop(true)
```

可以接着上述配置开始创建网络（MultiLayerNetwork），如下所示：

```
val conf = listBuilder.build
val net = new MultiLayerNetwork(conf)
net.init()
net.setListeners(new ScoreIterationListener(1))
```

一些训练数据可以从学习字符串列表中以编程的方式生成，如下所示：

```
val input = Nd4j.zeros(1, LEARNSTRING_CHARS_LIST.size, LEARNSTRING.length)
val labels = Nd4j.zeros(1, LEARNSTRING_CHARS_LIST.size, LEARNSTRING.length)
var samplePos = 0
for (currentChar <- LEARNSTRING) {
    val nextChar = LEARNSTRING((samplePos + 1) % (LEARNSTRING.length))
    input.putScalar(Array[Int](0, LEARNSTRING_CHARS_LIST.indexOf(currentChar),
samplePos), 1)
    labels.putScalar(Array[Int](0, LEARNSTRING_CHARS_LIST.indexOf(nextChar),
samplePos), 1)
    samplePos += 1
}
val trainingData: DataSet = new DataSet(input, labels)
```

第 7 章将详细介绍这种 RNN 的训练方式（也会有代码示例），本节的重点是展示如何使用 DL4J 的 API 配置和构建 RNN 网络。

6.3.2　基于 DL4J 和 Spark 的 RNN

本小节的示例是一个 LSTM，用于训练生成文本，一次可以生成一个字符。训练是使用 Spark 完成的。

此示例所需的依赖包如下：

- Scala 2.11.8。
- DL4J NN 0.9.1。
- ND4J Native 0.9.1，且运行它的操作系统具有指定的过滤器。
- ND4J jblas 0.4-rc3.6。
- Apache Spark Core 2.11, release 2.2.1。
- DL4J Spark 2.11, release 0.9.1_spark_2。

像之前一样通过 NeuralNetConfiguration.Builder 类开始配置网络，如下所示：

```
val rng = new Random(12345)
val lstmLayerSize: Int = 200
val tbpttLength: Int = 50
val nSamplesToGenerate: Int = 4
val nCharactersToSample: Int = 300
val generationInitialization: String = null
val conf = new NeuralNetConfiguration.Builder()
    .optimizationAlgo(OptimizationAlgorithm.STOCHASTIC_GRADIENT_DESCENT)
    .iterations(1)
    .learningRate(0.1)
    .rmsDecay(0.95)
    .seed(12345)
    .regularization(true)
    .l2(0.001)
    .weightInit(WeightInit.XAVIER)
    .updater(Updater.RMSPROP)
    .list
    .layer(0, new
GravesLSTM.Builder().nIn(SparkLSTMCharacterExample.CHAR_TO_INT.size).nOut(l
stmLayerSize).activation(Activation.TANH).build())
    .layer(1, new
GravesLSTM.Builder().nIn(lstmLayerSize).nOut(lstmLayerSize).activation(Acti
vation.TANH).build())
    .layer(2, new
RnnOutputLayer.Builder(LossFunction.MCXENT).activation(Activation.SOFTMAX)
```

```
    .nIn(lstmLayerSize).nOut(SparkLSTMCharacterExample.nOut).build)
//MCXENT + softmax for classification
.backpropType(BackpropType.TruncatedBPTT).tBPTTForwardLength(tbpttLength).
tBPTTBackwardLength(tbpttLength)
    .pretrain(false).backprop(true)
    .build
```

正如 6.3 小节中的示例所述，这里使用的 LSTM RNN 实现方式是由艾利克斯·格雷夫斯提出的。因此这里的配置、隐藏层和输出层都与之前的示例十分相似。

下面就是 Spark 起到作用的部分。让我们按照以下步骤设定 Spark 的配置和上下文：

```
val sparkConf = new SparkConf
sparkConf.setMaster(master)
sparkConf.setAppName("LSTM Character Example")
val sc = new JavaSparkContext(sparkConf)
```

假设我们拥有一些训练数据并从中创建了一个名为 trainingData 的 JavaRDD[DataSet]，我们需要设置并行训练这些数据，尤其需要设置 TrainingMaster（https://deeplearning4j.org/doc/org/deeplearning4j/spark/api/TrainingMaster.html）。它是一种抽象，可以控制学习在 Spark 上执行时的具体方式和允许将多种不同的训练实现与 SparkDl4jMultiLayer 一起使用。设置数据的并行训练（https://deeplearning4j.org/doc/org/deeplearning4j/spark/impl/multilayer/SparkDl4jMultiLayer.html），如下所示：

```
val averagingFrequency: Int = 5
val batchSizePerWorker: Int = 8
val examplesPerDataSetObject = 1
val tm = new
ParameterAveragingTrainingMaster.Builder(examplesPerDataSetObject)
    .workerPrefetchNumBatches(2)
    .averagingFrequency(averagingFrequency)
    .batchSizePerWorker(batchSizePerWorker)
    .build
val sparkNetwork: SparkDl4jMultiLayer = new SparkDl4jMultiLayer(sc, conf, tm)
sparkNetwork.setListeners(Collections.singletonList[IterationListener](new
ScoreIterationListener(1)))
```

目前，DL4J 框架只有一种 TrainingMaster 的实现，即 ParameterAveragingTrainingMaster（https://deeplearning4j.org/doc/org/deeplearning4j/spark/impl/paramavg/ParameterAveragingTrainingMaster.html）。在当前示例中，参数设置如下所示。

- workerPrefetchNumBatches：这部分的 Spark 工作器以异步的方式进行预取，为了避免数据的等待加载，使用了许多微型批处理（数据集对象）。将此参数设置为 0 则表示禁用此预取。设置为 2（如本示例中）是常用的设置（默认的推荐设置，不会使用过多的内存）。

- batchSizePerWorker：表示每个 Spark 工作器中的各个参数所使用的示例数量。
- averagingFrequency：就 batchSizePerWorker 的微型批处理的大小而言，它可以控制参数被平均和重分配的频率。对于计算性能来说，由于较高的网络通信和初始化开销，设置较低的平均周期可能效率不高，而设置较大的平均周期可能会导致性能下降。因此，一个好的折中办法是将它的值保持在 5～10。

SparkDl4jMultiLayer 需要 Spark 上下文、Spark 配置和 TrainingMaster 作为参数。

现在可以通过 Spark 进行训练了。它具体的步骤将会在第 7 章中介绍（这个示例代码的剩余部分将在第 7 章继续展示），本节的重点是介绍如何使用 DL4J 和 Spark API 配置和构建 RNN 网络。

6.3.3　为 RNN 数据管道加载多个 CSV

在结束本章之前，还有一些有关如何加载多个 CSV 文件（其中每个文件包含一个序列）的说明，它们用于 RNN 训练和测试数据。假设有一个数据集由存储在集群中的多个 CSV 文件组成（可以是 HDFS 或一个对象存储，如 Amazon S3 或者 Minio），其中每个文件表示一个序列，文件中的每行仅包含一个时间步的值，不同文件的行可能不一样，所有文件的标题行可以消失或者出现。

根据在基于 Amazon S3 的对象中存储的 CSV 文件（参见 3.3 节内容），Spark 上下文按如下所示已经创建了：

```
val conf = new SparkConf
conf.setMaster(master)
conf.setAppName("DataVec S3 Example")
val sparkContext = new JavaSparkContext(conf)
```

Spark 作业的配置已经被设置为访问对象存储，我们可以得到如下所示的数据：

```
val origData = sparkContext.binaryFiles("s3a://dl4j-bucket")
```

dl4j-bucket 是包含 CSV 文件的桶。现在我们创建一个 DataVec CSVSequenceRec ordReader 指定桶中的所有 CSV 文件是否有标题行（使用 0 表示否，1 表示是）和值的分隔符，如下所示：

```
val numHeaderLinesEachFile = 0
val delimiter = ","
val seqRR = new CSVSequenceRecordReader(numHeaderLinesEachFile, delimiter)
```

最后对原始数据中的 seqRR 应用 map 转换得到序列，如下所示：

```
val sequencesRdd = origData.map(new SequenceRecordReaderFunction(seqRR))
```

它和用非序列 CSV 文件训练 RNN 的场景十分相似，都是使用 DataVecDataSetFunction 类的 dl4j-spark 并指定标签列的索引和分类标签的数量，如下所示：

```
val labelIndex = 1
val numClasses = 4
val dataSetRdd = sequencesRdd.map(new DataVecSequenceDataSetFunction(labelIndex,
numClasses, false))
```

6.4 小结

在本章，我们首先深入了解了 RNN 的核心概念，然后了解这些特定的神经网络的一些实际示例，最后，开始动手使用 DL4J 和 Spark 实现了一些 RNN。

第 7 章将重点介绍 CNN 和 RNN 的训练模型。在前面已经提到过一些训练技术，或者直接从第 3 章跳到了本章，到目前为止我们主要目标是了解训练数据如何被检索和准备与如何使用 DL4J 和 Spark 实现各种模型。

第 7 章

使用 Spark 训练神经网络

在前两章中，我们学习了如何使用 Spark 中的 DL4J API 进行编程配置和创建卷积神经网络与循环神经网络。前面仅提到了这些网络的训练如何实现，但是没有进行详细的解释，在本章我们将会对如何实现这两种网络的训练策略进行详细说明。在本章还会介绍 Spark 对于训练过程的重要性和 DL4J 在性能方面的重要作用。

本章的 7.1.1 和 7.1.2 小节分别对应 CNN 和 RNN 的训练策略；7.1.3 小节还提供了关于正确设定 Spark 环境配置的建议、技巧和窍门；7.2 节描述了如何使用 DL4J Arbiter 工具进行超参数优化。

本章主要包含以下内容：

- 使用 Spark 和 DL4J 分布式训练 CNN。
- 使用 Spark 和 DL4J 分布式训练 RNN。
- 性能考量。
- 超参数优化。

7.1　使用 Spark 和 DL4J 进行分布式网络训练

多层神经网络（MNN）的训练在计算上的消耗是巨大的，它涉及庞大的数据集并需要以尽可能快的方式完成训练。在第 1 章中了解了 Apache Spark 在进行大规模数据的处理时如何实现高性能。它凭借其并行性的优势，成为训练数据的理想选择。但是仅凭 Spark 还是不够的，虽然它针对 ETL 或流式传输的性能表现很好，但在计算层面来说，在 MNN 中训练上下文时，一些数据的转换和聚合需要使用到低级语言（如 C++）。

这时就到了 DL4J 内的 ND4J 模块（https://nd4j.org/index.html）发挥作用的时候。ND4J 提供了 Scala 的 API，因此不需要我们学习使用 C++编程，而这正是我们所需要的。底层的 C++库对于使用 ND4J 的 Scala 或 Java 开发人员是透明的。下面是一个展示如何使用 ND4J API 的 Scala 应用程序的简单示例（其中注释了代码的作用）：

```
object Nd4JScalaSample {
    def main (args: Array[String]) {

        //使用 numpy 语法创建了数组
        var arr1 = Nd4j.create(4)
        val arr2 = Nd4j.linspace(1, 10, 10)
        //用 5 填充了数组（相当于 numpy 中的 fill 方法）
        println(arr1.assign(5) + "Assigned value of 5 to the array")
        //基础的统计方法
        println(Nd4j.mean(arr1) + "Calculate mean of array")
        println(Nd4j.std(arr2) + "Calculate standard deviation of array")
        println(Nd4j.`var`(arr2), "Calculate variance")
        ...
```

ND4J 为 JVM 提供了一个开源的、分布式的、支持 GPU 和直观的科学数据库，从而在功能强大的数据分析工具的可用性方面填补了 JVM 语言和 Python 程序员之间的空白。DL4J 依靠 Spark 实现并行的训练模型。大数据集被分区为多个单独的神经网络，在每个网络的核心中 DL4J 迭代地平均它们中央模型所产生的参数。

出于对信息完整性的考虑，可以仅使用 DL4J 进行训练，并在同一服务器上允许使用多个模型，这里应该用到 ParallelWrapper（https://deeplearning4j.org/api/v1.0.0-beta2/org/ deeplearning4j/parallelism/ParallelWrapper.html）。但是需要注意的是这个方式的开销非常大，并且服务器需要配备大量的 CPU（至少 64 个）或 GPU。

DL4J 提供了以下两个类可以用于在 Spark 上训练神经网络：

● SparkDl4jMultiLayer（https://deeplearning4j.org/api/v1.0.0-beta2/org/ deeplearning4j/spark/impl/multilayer/SparkDl4jMultiLayer.html），一个包装过的 MultiLayerNetwork（在前几章的示例中介绍过）。

- SparkComputationGraph（`https://deeplearning4j.org/api/v1.0.0-beta2/org/ deeplearning4j/spark/impl/graph/SparkComputationGraph.html`），一个被包装的 ComputationGraph（`https://deeplearning4j.org/api/v1.0.0-beta2/org/deeplearning4j/ nn/graph/ComputationGraph.html`）。它是一个具有任意连接结构（DAG）的神经网络，意味着它有任意数量的输入和输出。

这两个类是包装后的标准单机器类，因此在标准和分布式训练中，其网络配置过程是相同的。

为了在 Spark 集群上使用 DL4J 训练网络，必须遵循以下标准流程：

（1）通过 MultiLayerConfiguration（`https://static.javadoc.io/org.deeplearning4j/ deeplearning4j-nn/0.9.1/org/deeplearning4j/nn/conf/MultiLayerConfiguration.html`）类或 ComputationGraphConfiguration（`https://static.javadoc.io/org.deeplearning4j/ deeplearning4j-nn/0.9.1/org/deeplearning4j/nn/conf/ComputationGraphConfiguration.html`）类设定网络配置。

（2）创建 TrainingMaster（`https://static.javadoc.io/org.deeplearning4j/dl4j- spark_2.11/0.9.1_spark_2/org/deeplearning4j/spark/api/TrainingMaster.html`）实例以控制实践中分布式训练的执行方式。

（3）使用前两步创建的网络配置和 TrainingMaster 对象创建 SparkDl4jMultiLayer 或 SparkComputationGraph 实例。

（4）加载训练数据。

（5）在实例 SparkDl4jMultiLayer（或 SparkComputationGraph）上调用合适的拟合方法。

（6）保存训练网络。

（7）给 Spark 作业创建 JAR 文件。

（8）提交 JAR 文件以执行。

在第 5 章和第 6 章的代码示例中，已经为你提供了配置和建立 MNN 的思路；在第 3 章和第 4 章中，提供了加载训练数据的不同方法；从第 1 章开始，你已经掌握了如何执行 Spark 作业。现在让我们开始关注接下来的章节，也是所缺少的部分：网络训练。

目前 DL4J 提供了一种参数平均的方法训练网络（`https://arxiv.org/abs/1410.7455`）。这里从概念上介绍其过程原理：

- Spark 主机首先使用网络配置和参数。
- 根据 TrainingMaster 的配置，将数据划分为子集。
- 对于每个子集：
  - ↘ 配置和参数由主服务器分配给每个工作器。
  - ↘ 每个工作器在其自己的分区上进行拟合。
  - ↘ 参数的平均值被计算后，结果会被返回至主机。
- 训练完成后主机中会保存一份训练网络的副本。

7.1.1　使用 Spark 和 DL4J 分布式训练 CNN

让我们回顾 5.6 节示例中关于 MNIST 上的手写数字图像的分类。为了方便回忆，以下是其使用的网络配置：

```
val channels = 1
val outputNum = 10
val conf = new NeuralNetConfiguration.Builder()
    .seed(seed)
    .iterations(iterations)
    .regularization(true)
    .l2(0.0005)
    .learningRate(.01)
    .weightInit(WeightInit.XAVIER)
    .optimizationAlgo(OptimizationAlgorithm.STOCHASTIC_GRADIENT_DESCENT)
    .updater(Updater.NESTEROVS)
    .momentum(0.9)
    .list
    .layer(0, new ConvolutionLayer.Builder(5, 5)
        .nIn(channels)
        .stride(1, 1)
        .nOut(20)
        .activation(Activation.IDENTITY)
        .build)
    .layer(1, new
SubsamplingLayer.Builder(SubsamplingLayer.PoolingType.MAX)
        .kernelSize(2, 2)
        .stride(2, 2)
        .build)
    .layer(2, new ConvolutionLayer.Builder(5, 5)
        .stride(1, 1)
        .nOut(50)
        .activation(Activation.IDENTITY)
        .build)
    .layer(3, new
SubsamplingLayer.Builder(SubsamplingLayer.PoolingType.MAX)
        .kernelSize(2, 2)
        .stride(2, 2)
        .build)
    .layer(4, new DenseLayer.Builder()
        .activation(Activation.RELU)
        .nOut(500)
        .build)
```

```
.layer(5, new
OutputLayer.Builder(LossFunctions.LossFunction.NEGATIVELOGLIKELIHOOD)
    .nOut(outputNum)
    .activation(Activation.SOFTMAX).build)
    .setInputType(InputType.convolutionalFlat(28, 28, 1))
    .backprop(true).pretrain(false).build
```

我们使用 MultiLayerConfiguration 对象初始化模型。当具备模型和训练数据时，就可以开始设置训练了，这里使用 Spark 进行训练。因此下一步将是创建一个 Spark 上下文，如下所示：

```
val sparkConf = new SparkConf
    sparkConf.setMaster(master)
        .setAppName("DL4J Spark MNIST Example")
val sc = new JavaSparkContext(sparkConf)
```

然后，将训练数据并行地加载至内存中，如下所示：

```
val trainDataList = mutable.ArrayBuffer.empty[DataSet]
    while (trainIter.hasNext) {
        trainDataList += trainIter.next
}
val paralleltrainData = sc.parallelize(trainDataList)
```

现在应该创建 TrainingMaster 示例了，如下所示：

```
var batchSizePerWorker: Int = 16
    val tm = new ParameterAveragingTrainingMaster.Builder(batchSizePerWorker)
        .averagingFrequency(5)
        .workerPrefetchNumBatches(2)
        .batchSizePerWorker(batchSizePerWorker)
        .build
```

可以使用当前唯一可用的 TrainingMaster 接口实现 ParameterAveragingTrainingMaster（ https://static.javadoc.io/org.deeplearning4j/dl4j-spark_2.11/0.9.1_spark_2/org/deeplearning4j/spark/impl/paramavg/ParameterAveragingTrainingMaster.html）。在前面的示例，我们只使用了三个可用于此 TrainingMaster 实现的配置选项，以下会使用更多其他选项。

● dataSetObjectSize：指定每个数据集（DataSet）中有多少个示例。
● workerPrefetchNumBatches：为了避免等待数据被加载，Spark 工作器可以异步预取许多数据集的对象。可以通过将此属性设置为 0 禁用预取功能。设置为 2（在示例中的设置是 2）是比较折中的方案（默认的建议选项，不会过度使用内存）。
● rddTrainingApproach：RDD 进行训练时，DL4J 提供了两种方式——导出方式 RDDTrainingApproach.Export 和直接方式 RDDTrainingApproach.Direct（https://static.javadoc.io/org.deeplearning4j/dl4j-spark_2.11/0.9.1_spark_2/org/

deeplearning4j/spark/api/RDDTrainingApproach.html）。**Export** 是默认的方式；它先以批处理和序列化的形式将一个 RDD<DataSet>保存到磁盘。然后执行器异步加载所有 DataSet 对象。Export 和 Direct 的选择取决于数据集的大小。对于不适合内存和多次迭代训练的大型数据集，最好使用 Export 方法。在这种情境中，Direct 方法的拆分和重新分区的高开销不适合应用，并且内存消耗较小。

- exportDirectory：临时数据文件的存储位置（仅 Export 方法有）。
- storageLevel：仅在使用 Direct 方式并从 RDD<DataSet>或 RDD<MultiDataSet>中训练数据时使用。DL4J 保存 RDD 的默认存储等级是 StorageLevel.MEMORY_ ONLY_SER。
- storageLevelStreams：仅可用于 fitPaths(RDD<String>)方法。DL4J 保存 RDD<String>的默认存储等级是 StorageLevel.MEMORY_ONLY。
- repartitionStrategy：指定应该被执行重新分区的策略。可选的值为 Balanced（默认的，由 DL4J 自定义重新分区策略）和 SparkDefault（由 Spark 执行标准重新分区策略）。

通过下面的链接可以找到完整的选项列表和其对应的含义：

```
https://deeplearning4j.org/docs/latest/deeplearning4j-spark-training
```

当 TrainingMaster 配置和策略被定义后，SparkDl4jMultiLayer 的示例就可以创建了，如下所示：

```
val sparkNet = new SparkDl4jMultiLayer(sc, conf, tm)
```

接下来就可以进行训练了，选择合适的拟合方法，如下所示：

```
var numEpochs: Int = 15
    var i: Int = 0
        for (i <- 0 until numEpochs) {
        sparkNet.fit(paralleltrainData)
        println("Completed Epoch {}", i)
 }
```

第 8 章和第 9 章将介绍如何监控、调试和评估网络训练的结果。

7.1.2 使用 Spark 和 DL4J 分布式训练 RNN

让我们回顾一下 6.3.2 小节中的示例，关于 LSTM 被训练为可以一次产生一个字符的文本生成模型。为了方便回忆，以下是当时的网络配置（由艾利克斯·格雷卡斯提出的 LSTM RNN 实现模型）：

```
val rng = new Random(12345)
    val lstmLayerSize: Int = 200
    val tbpttLength: Int = 50
    val nSamplesToGenerate: Int = 4
```

```scala
val nCharactersToSample: Int = 300
val generationInitialization: String = null
val conf = new NeuralNetConfiguration.Builder()
    .optimizationAlgo(OptimizationAlgorithm.STOCHASTIC_GRADIENT_DESCENT)
    .iterations(1)
    .learningRate(0.1)
    .rmsDecay(0.95)
    .seed(12345)
    .regularization(true)
    .l2(0.001)
    .weightInit(WeightInit.XAVIER)
    .updater(Updater.RMSPROP)
    .list
    .layer(0, new
GravesLSTM.Builder().nIn(SparkLSTMCharacterExample.CHAR_TO_INT.size).nOut(l
stmLayerSize).activation(Activation.TANH).build())
    .layer(1, new
GravesLSTM.Builder().nIn(lstmLayerSize).nOut(lstmLayerSize).activation(Acti
vation.TANH).build())
    .layer(2, new
RnnOutputLayer.Builder(LossFunction.MCXENT).activation(Activation.SOFTMAX)
    .nIn(lstmLayerSize).nOut(SparkLSTMCharacterExample.nOut).build)
//MCXENT + softmax for classification
    .backpropType(BackpropType.TruncatedBPTT).tBPTTForwardLength(tbpttLength).t
BPTTBackwardLength(tbpttLength)
    .pretrain(false).backprop(true)
    .build
```

在 7.1.1 小节的示例中对 TrainingMaster 的所有创建与配置与 SparkDl4jMuliLatyer 示例的创建与配置是完全一样的，因此不再赘述。SparkDl4jMultiLayer 的不同点在于，在这种情况下我们必须为模型指定 IteratorListeners（https://static.javadoc.io/org.deeplearning4j/deeplearning4j-nn/0.9.1/org/deeplearning4j/optimize/api/IterationListener.html），这将有助于监控和调试，详细内容将在第 8 章进行说明。迭代器监听器的指定如下所示：

```scala
val sparkNetwork: SparkDl4jMultiLayer = new SparkDl4jMultiLayer(sc, conf, tm)
sparkNetwork.setListeners(Collections.singletonList[IterationListener]
(newScoreIterationListener(1)))
```

在这种情况下可以使用下面这种训练方式。定义完成训练的迭代次数，如下所示：

```scala
val numEpochs: Int = 10
```

然后对于每次训练，通过 sparkNetwork 应用适当的拟合方法并采样一些字符，如下所示：

```scala
(0 until numEpochs).foreach { i =>
//执行 1 个 epoch 的训练。每个 epoch 结束时，会返回一个经过训练的网络副本
```

```
        val net = sparkNetwork.fit(trainingData)
        //从网络中采样一些字符（在本地完成）
        println("Sampling characters from network given initialization \"" +
            (if (generationInitialization == null) "" else
    generationInitialization) + "\"")
        val samples = ... // 实现你自己的采样方法
        samples.indices.foreach { j =>
            println("----- Sample " + j + " -----")
            println(samples(j))
        }
    }
```

最终，由我们自己决定训练导出（Export）的方式，完成后需要删除临时文件，如下所示：

```
tm.deleteTempFiles(sc)
```

第 8 章和第 9 章将说明如何监控、调试和评估网络训练的结果。

7.1.3　性能考量

本节将会介绍在 Spark 上进行训练时充分利用 DL4J 的一些建议。让我们先从内存配置方面开始思考。首先，理解 DL4J 如何管理内存是很重要的。这个框架是基于 ND4J 科学库（以 C++编写）。ND4J 利用堆外内存管理，这意味着对 INDArrays 的内存分配不像 Java 对象一样是在 JVM 堆上，而是分配到了 JVM 外。这种内存管理方式可以有效地将高性能本地代码用于数字运算，并且在 GPU 上运行时，CUDA（https://developer.nvidia.com/cuda-zone）的高效运算也是必需的。

使用这种方式，显而易见的是额外的内存和时间开销。在 JVM 堆上的内存分配需要在任意时间先从中初步复制数据，接着执行计算，最后将结果复制并返回。ND4J 只需要传递指针就可以进行数值计算。堆（JVM）和堆外（使用 JavaCPP 的 ND4J）是两个独立的内存池。在 DL4J 中，两者的内存限制是通过以下的 Java 命令行参数控制的。

- Xms：JVM 堆可在应用程序启动时使用的内存。
- Xmx：JVM 堆可以使用的最大内存限制。
- org.bytedeco.javacpp.maxbytes：堆外最大内存限制。
- org.bytedeco.javacpp.maxphysicalbytes：通常使用与 maxbytes 属性相同的值进行设置。

第 10 章（着重于部署分布式系统训练或运行神经网络）将提供有关内存管理的更多详细信息。

改善性能的另一个不错的办法是配置 Spark 的本地设置。虽然这是可选配置，但是可以在此方面带来益处。本地性指的是数据与其可以被进行处理的相对位置。在执行期间，任何时候的数据都必须在网络上复制后由空闲的执行器进行处理；Spark 必须在等待具有本地数据访问权的执行器空闲或执行网络传输之间做出决定。Spark 的默认行为是先等一会儿，然后再通过网络传输数据给空闲的执行器。

由于使用 DL4J 训练神经网络的计算能力得到了强化，所以每个输入数据集的计算量比较大。由于这个原因，Spark 的默认行为并不适合集群的最大化利用。在 Spark 训练期间，DL4J 规定每个执行器同一时间只执行一个任务。因此，立即将数据传输到一个空闲的执行器总是比等待一个忙碌的执行器变成空闲更好。计算时间因此变得比任何网络传输时间都更重要。设置 Spark 不必等待而是立即开始传输数据的方法很简单：在提交配置时，设置 spark.locality.wait 的值为 0。

Spark 在处理具有大型堆外组件的 Java 对象（这种情况可能发生在 DL4J 中的数据集和 INDArray 对象上）时存在问题，特别是在缓存或持久化它们时。从第 1 章中，你就学习了 Spark 可以提供不同的存储级别。其中，MEMORY_ONLY 和 MEMORY_AND_DISK 的持久化会因为堆外内存引起问题，因为 Spark 不能正确估计 RDD 中对象的大小，从而导致内存外的问题。因此，在持久化 RDD<DataSet> 或 RDD<INDArray>时，最好使用 MEMORY_ONLY_SER 或 MEMORY_AND_DISK_SER。

接下来让我们详细讨论一下。Spark 根据块的预计大小，丢弃一部分 RDD。它根据所选的持久化级别预估块的大小。对于 MEMORY_ONLY 或 MEMORY_AND_DISK，预估是通过遍历 Java 对象图完成的。这个进程的问题是没有考虑 DL4J 和 ND4J 会使用的堆外内存，所以 Spark 低估了对象的真实大小，如 DataSet 或 INDArray。

此外，在决定是保留块还是删除块时，Spark 只根据堆内存使用的数量进行参考。数据集和 INDArray 对象在堆上的占用非常小，然而 Spark 会保留太多的数据集和 INDArray 对象，这样堆外内存会被耗尽，从而导致内存不足的问题。对于使用 MEMORY_ONLY_SER 或 MEMORY_AND_DISK_SER 的情况，Spark 以序列化的形式在 JVM 堆上存储块。因为序列化对象没有堆外内存，所以 Spark 可以正确地预估块大小，根据需要删除块，从而避免内存不足的问题。

Spark 提供了两个序列化库——Java（默认的序列化设置）和 Kryo（https://github.com/EsotericSoftware/Kryo）。默认情况下，它使用 Java 的 ObjectOutputStream（https://docs.oracle.com/javase/8/docs/api/java/io/ObjectOutputStream.html）序列化对象，可以与任何可序列化的接口一起工作（https://docs.oracle.com/javase/8/docs/api/java/io/Serializable.html）。但是，它也可以使用 Kryo 库，它比 Java 序列化快得多也更简洁。

Kryo 的缺点是不支持所有的可序列化类型，而且它不能很好地与 ND4J 的堆外数据结构一起工作。因此，如果想在 Spark 上使用 Kryo 序列化 ND4J，则必须进行一些额外的配置，以便跳过一些 INDArray 字段上的由不正确序列化导致的 NullPointerExceptions。使用 Kryo，需要将依赖项添加到项目中（下面的示例是 Maven 的，但是对 Gradle 或 sbt 也可以导入相同的依赖，并使用这些构建工具的特定语法），如下所示：

```
<dependency>
    <groupId>org.nd4j</groupId>
    <artifactId>nd4j-kryo_2.11</artifactId>
```

```
    <version>0.9.1</version>
    </dependency>
```

然后配置 Spark 使用 ND4J Kryo 注册器，如下所示：

```
val sparkConf = new SparkConf
    sparkConf.set("spark.serializer",
    "org.apache.spark.serializer.KryoSerializer") sparkConf.set("spark.kryo.
registrator", "org.nd4j.Nd4jRegistrator")
```

7.2　超参数优化

在开始任何训练前，通常机器学习技术和深度学习技术都有一组必须设定的参数。它们被称为超参数。先关注深度学习，其中一些参数定义了神经网络的架构（层的数量和大小），另一些定义了学习过程（学习率、正则化等）。超参数优化是一种应用搜索策略的专用软件，使其自动化地进行这一过程的尝试（这对神经网络的训练结果有重大影响）。Arbiter 是 DL4J 提供的一种对神经网络的超参数进行优化的工具。这个工具不是完全自动化的，数据科学家或开发人员需要手动干预指定其搜索空间（超参数有效值的范围）。需要注意的是，在没有被良好地手动定义搜索空间的情况下，Arbiter 的实现在这种情况下寻找合适的模型难免会遇到失败。

本节的其余部分将详细介绍如何编写 Arbiter。需要将 Arbiter 的依赖项添加到 DL4J Scala 项目中，并对其进行超参数优化，如下所示：

```
groupId: org.deeplearning4j
    artifactId: arbiter-deeplearning4j
    version: 0.9.1
```

无论什么场景，通过 Arbiter 建立和执行超参数优化都需要按照以下的步骤进行：

（1）定义一个超参数搜索空间。

（2）为超参数搜索空间定义一个候选生成器。

（3）定义一个数据源。

（4）定义一个模型保存。

（5）选择一个评分函数。

（6）选择一个终止条件。

（7）使用前定义好的数据源、模型保存、评分函数和终止条件组成优化配置。

（8）使用优化运行器执行进程。

现在让我们看一下如何以编程的方式实现这些步骤的详细做法。超参数配置空间的设置与 DL4J 中 MNN 的设置十分相似，都是使用 MultiLayerSpace 类（https://deeplearn ing4j.org/api/latest/org/deeplearning4j/arbiter/MultiLayerSpace.html）。ParameterSpace<P>（https://deeplearning4j.org/api/latest/org/deeplearning4j/arbiter/optimize/api

/ParameterSpace.html）是 Arbiter 类，通过它定义超参数的值可以接收的范围，如下所示：

```
val learningRateHyperparam = new ContinuousParameterSpace(0.0001, 0.1)
val layerSizeHyperparam = new IntegerParameterSpace(16, 256)
```

在间隔中的 ParameterSpace 构造指定了下限和上限的值。间隔值是在给定的边界间随机生成的。然后可以建立超参数空间，如下所示：

```
val hyperparameterSpace = new MultiLayerSpace.Builder
    .weightInit(WeightInit.XAVIER)
    .l2(0.0001)
    .updater(new SgdSpace(learningRateHyperparam))
    .addLayer(new DenseLayerSpace.Builder
        .nIn(784)
        .activation(Activation.LEAKYRELU)
        .nOut(layerSizeHyperparam)
        .build())
    .addLayer(new OutputLayerSpace.Builder
        .nOut(10)
        .activation(Activation.SOFTMAX)
        .lossFunction(LossFunctions.LossFunction.MCXENT)
        .build)
    .numEpochs(2)
    .build
```

在 DL4J 中，MultiLayerSpace 和 ComputationGraphSpace（https://deeplear ning4j.org/api/latest/org/deeplearning4j/arbiter/ComputationGraphSpace.html）可以用来设置超参数存储空间（它们如同 MNN 中的 MultiLayerConfiguration 和 ComputationGraphConfiguration）。

下一步是定义一个候选生成器。它可以是一个随机搜索，如下面的代码行：

```
val candidateGenerator:CandidateGenerator = new
RandomSearchGenerator(hyperparameterSpace, null)
```

也可以是网格搜索。

为了定义数据源（用于训练和测试不同候选对象的原始数据），可以使用 Arbiter 中的 DataSource 接口（https://deeplearning4j.org/api/latest/org/deeplearning4j/arbiter/optimize/api/data/DataSource.html），并对给定的来源进行测试。

进行至此，需要定义生成和测试的模型需要保存在何处？Arbiter 支持将模型保存到磁盘或将结果存储在内存中。以下是一个使用 **FileModelSaver** 类（https://deeplearning4j.org/api/latest/org/deeplearning4j/arbiter/saver/local/FileModelSaver.html）进行磁盘保存的示例：

```
val baseSaveDirectory = "arbiterOutput/"
val file = new File(baseSaveDirectory)
if (file.exists) file.delete
file.mkdir
val modelSaver: ResultSaver = new FileModelSaver(baseSaveDirectory)
```

我们必须选择一个得分函数。Arbiter 提供三个选项：EvaluationScoreFunction（https://deeplearning4j.org/api/latest/org/deeplearning4j/arbiter/scoring/impl/EvaluationScoreFunction.html）、ROCScoreFunction（https://deeplearning4j.org/api/latest/org/deeplearning4j/arbiter/scoring/impl/ROCScoreFunction.html）和 RegressionScoreFunction（https://deeplearning4j.org/api/latest/org/deeplearning4j/arbiter/scoring/impl/RegressionScoreFunction.html）。

关于评估、ROC 和回归的更多细节将在第 9 章中介绍。以下是一个 EvaluationScoreFunction 的示例：

```
val scoreFunction:ScoreFunction = new
EvaluationScoreFunction(Evaluation.Metric.ACCURACY)
```

最后，指定一个终止条件列表。当前的 Arbiter 只提供两个终止条件：MaxTimeCondition（https://deeplearning4j.org/api/latest/org/deeplearning4j/arbiter/optimize/api/termination/MaxTimeCondition.html）和 MaxCandidatesCondition（https://deeplearning4j.org/api/latest/org/deeplearning4j/arbiter/optimize/api/termination/MaxCandidatesCondition.html）。当超参数空间满足指定的终止条件之一时，搜索停止。在下面的示例中，搜索在达到 15 分钟或 20 个候选项后停止（取决于哪个条件最先满足）。

```
val terminationConditions = Array(new MaxTimeCondition(15,
TimeUnit.MINUTES), new MaxCandidatesCondition(20))
```

目前已经设置了所有的选项，可以开始建立优化配置 OptimizationConfiguration（https://deeplearning4j.org/api/latest/org/deeplearning4j/arbiter/optimize/config/OptimizationConfiguration.html），如下所示：

```
val configuration: OptimizationConfiguration = new
OptimizationConfiguration.Builder
      .candidateGenerator(candidateGenerator)
      .dataSource(dataSourceClass,dataSourceProperties)
      .modelSaver(modelSaver)
      .scoreFunction(scoreFunction)
      .terminationConditions(terminationConditions)
      .build
```

通过 IOptimizationRunner（https://deeplearning4j.org/api/latest/org/deeplearning4j/arbiter/optimize/runner/IOptimizationRunner.html）运行它，如下所示：

```
val runner = new LocalOptimizationRunner(configuration, new
MultiLayerNetworkTaskCreator())
runner.execute
```

在执行结束时，应用程序将生成的每个候选模型以单个目录的形式存储到为保护模型指定的根目录中。每个子目录以累加编号的方式命名。

参照本节的示例，第一个候选项存储在./arbiterOutput/0/，第二个候选项存储在./arbiterOutput/1/，依此类推。模型的 JSON 表示也会被生成（如图 7-1 所示），它也可以被存储以供以后的重复使用：

```
Best score: 0.9499
Index of model with best score: 7
Number of configurations evaluated: 10


Configuration of best model:

{
  "backprop" : true,
  "backpropType" : "Standard",
  "cacheMode" : "NONE",
  "confs" : [ {
    "cacheMode" : "NONE",
    "epochCount" : 2,
    "iterationCount" : 0,
    "layer" : {
      "@class" : "org.deeplearning4j.nn.conf.layers.DenseLayer",
      "activationFn" : {
        "@class" : "org.nd4j.linalg.activations.impl.ActivationLReLU",
        "alpha" : 0.01
      },
      "biasInit" : 0.0,
      "biasUpdater" : null,
      "constraints" : null,
      "dist" : null,
      "gradientNormalization" : "None",
      "gradientNormalizationThreshold" : 1.0,
      "hasBias" : true,
      "idropout" : null,
      "iupdater" : {
        "@class" : "org.nd4j.linalg.learning.config.Sgd",
        "learningRate" : 0.09824433809279995
      },
      "l1" : 0.0,
      "l1Bias" : 0.0,
      "l2" : 1.0E-4,
      "l2Bias" : 0.0,
      "layerName" : "layer0",
      "nin" : 784,
      "nout" : 139,
      "pretrain" : false,
      "weightInit" : "XAVIER",
      "weightNoise" : null
    },
    "maxNumLineSearchIterations" : 5,
    "miniBatch" : true,
    "minimize" : true,
    "optimizationAlgo" : "STOCHASTIC_GRADIENT_DESCENT",
    "pretrain" : false,
    "seed" : 1546984851275,
    "stepFunction" : null,
    "variables" : [ "W", "b" ]
```

图 7-1　Arbiter 中的候选 JSON 序列化

Arbiter UI

要获得超参数优化的结果，必须等待流程执行结束，最后使用 Arbiter API 检索它们，如下面所示：

```
val indexOfBestResult: Int = runner.bestScoreCandidateIndex
val allResults = runner.getResults

val bestResult = allResults.get(indexOfBestResult).getResult
val bestModel = bestResult.getResult

println("Configuration of the best model:\n")
println(bestModel.getLayerWiseConfigurations.toJson)
```

但是，根据特定情况，这个过程可能会长到需要几小时才能结束并得到结果。幸运的是，Arbiter 提供了一个 Web UI 在运行时监视它，并获得关于潜在问题和优化配置的提示，不需要徒劳地一直等待它全部完成。若要使用这个 Web UI，则需要将它添加到依赖项中，如下所示：

```
groupId: org.deeplearning4j
    artifactId: arbiter-ui_2.11
    version: 1.0.0-beta3
```

管理 Web UI 的服务器需要在开始运行 IOptimizationRunner 前进行配置，如下所示：

```
val ss: StatsStorage = new FileStatsStorage(new
File("arbiterUiStats.dl4j"))
runner.addListeners(new ArbiterStatusListener(ss))
UIServer.getInstance.attach(ss)
```

在前面的示例中，我们将 Arbiter 统计信息持久化到文件中。一旦优化过程开始，Web UI 可以通过以下 URL 访问：

```
http://:9000/arbiter
```

它是一个单一的视图，在顶部显示了正在进行的优化过程摘要，如图 7-2 所示。

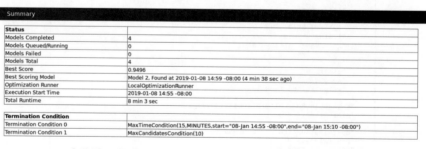

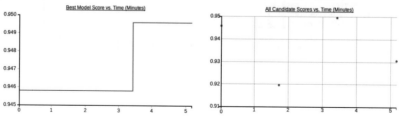

图 7-2　超函数优化过程的实时摘要

在其中心区域，显示了优化设置的摘要，如图 7-3 所示。

Optimization Settings

Configuration	Value
Candidate Generator	RandomSearchGenerator
Data Source	org.googlielmo.javahypopt.BasicHyperparameterOptimizationExample.ExampleDataSource
Score Function	EvaluationScoreFunction(metric=ACCURACY)
Result Saver	FileModelSaver(path=arbiterExample)

Global Network Configuration

Hyperparameter	Hyperparameter Configuration
weightInit	FixedValue(XAVIER)
l2	FixedValue(1.0E-4)
updater	SgdSpace(learningRate=ContinuousParameterSpace(min=1.0E-4,max=0.1), learningRateSchedule=null)

Layer Space: DenseLayerSpace, Name: layer_0

Hyperparameter	Hyperparameter Configuration
activationFunction	ActivationParameterSpaceAdapter(activation=FixedValue(LEAKYRELU))
nIn	FixedValue(784)
nOut	IntegerParameterSpace(min=16,max=256)

Layer Space: OutputLayerSpace, Name: layer_1

Hyperparameter	Hyperparameter Configuration
activationFunction	ActivationParameterSpaceAdapter(activation=FixedValue(SOFTMAX))
nOut	FixedValue(10)
lossFunction	LossFunctionParameterSpaceAdapter(lossFunction=FixedValue(MCXENT))

图 7-3　超函数优化设置的摘要

在底部，显示的是一个结果列表，如图 7-4 所示。

ID	Score	Status
0	0.9458	Complete
1	0.9196	Complete
2	-	Running

Selected Result

图 7-4　超函数优化过程结果列表

通过单击对应的结果 id，将会显示特定候选人的其他详细信息、额外的图表，以及模型配置，如图 7-5 所示。

Arbiter UI 使用与 DL4J UI 相同的实现方式和持久化策略监控训练过程。在第 8 章将进行更详细的介绍。

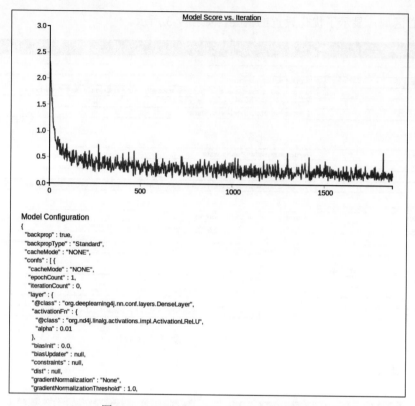

图 7-5   Arbiter Web UI 中的候选人细节

7.3   小结

在本章中，学习了如何使用 DL4J、ND4J 和 Apache Spark 对 CNN 和 RNN 进行训练。深入了解了内存管理、提升训练性能的一些技巧，以及如何使用 Arbiter 进行超参数优化的详细步骤。

第 8 章将集中讨论如何在训练阶段监控和调试 CNN 和 RNN。

第 *8* 章

监控与调试神经网络的训练

第 7 章着重介绍了多层神经网络的训练，并特别介绍了 CNN 和 RNN 的代码示例。本章描述如何在训练过程中监控网络，以及如何使用监控信息调整模型。本章的核心内容是介绍 DL4J 提供的用于监控和调试的 UI 工具。这些工具也可以应用于 DL4J 和 Spark 的训练上下文中。这两种场景都将给出对应的示例（仅使用 DL4J 的训练和使用 DL4J 与 Spark 的训练），还将列出网络训练的潜在基础方案或窍门。

8.1 在训练阶段监控和调试神经网络

从第 5 章至第 7 章已经给出了一个 CNN 的完整配置和训练示例。这是一个图像分类的示例，所使用的训练数据来自 MNIST 数据集。训练集包含 60000 个手写数字且被整数标记。接下来使用 DL4J 提供的可视化工具在训练期间进行监控和调试网络。

在训练的最后，可以通过编程将生成的模型保存为 ZIP 存档，使用 ModelSerializer 类的 writeModel 方法（`https://static.javadoc.io/org.deeplearning4j/deeplearning4j-nn/0.9.1/org/deeplearning4j/util/ModelSerializer.html`），如下所示：

```
ModelSerializer.writeModel(net, new File(System.getProperty("user.home") +
    "/minist-model.zip"), true)
```

生成的存档中包含以下三个文件。

- configuration.json：JSON 格式的模型配置。
- coefficients.bin：预估系数。
- updaterState.bin：更新器的历史状态。

它可以作为独立的 UI 实现使用，例如，使用 JDK 的 JavaFX(`https://en.wikipedia.org/wiki/JavaFX`) 特性测试在训练网络后生成的模型，如图 8-1 所示。

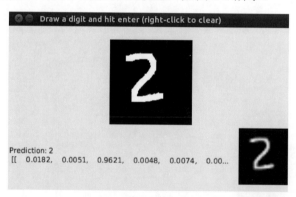

图 8-1　测试用户界面的手写数字分类的 CNN 示例

然而，这对监控来说基本是无用的，因为需要的是实时检查网络状态和训练进度。在本章接下来的两节将详细介绍如何使用 DL4J 训练 UI，它将满足所有的监控需求。关于测试 UI 的实施细节将在第 9 章中介绍，在你读过第 9 章后，这个案例的实现将更容易理解。

8.1.1　DL4J 训练 UI

DL4J 框架提供了一个 Web 用户界面，可以可视化且实时地查看当前网络状态和训练进度，它可以帮助调优神经网络。在本节中，将研究一个只涉及 DL4J 的 CNN 训练的用例，下一节将展示使用 DL4J 和 Spark 完成训练的不同之处。

首先，需要将以下依赖项添加进项目：

```
groupId = org.deeplearning4j
    artifactId = deeplearning4j-ui_2.11
    version = 0.9.1
```

然后插入必需的代码。

接着初始化 UI 的后端：

```
val uiServer = UIServer.getInstance()
```

配置网络训练过程中生成的信息：

```
val statsStorage:StatsStorage = new InMemoryStatsStorage()
```

在前面的示例中，选择了将信息保存到内存中。它也可以保存到磁盘中，以便于以后的加载。

```
val statsStorage:StatsStorage = new FileStatsStorage(file)
```

添加一个监听器（https://deeplearning4j.org/api/latest/org/deeplearning4j/ui/stats/StatsListener.html），这样就可以在训练网络时收集信息：

```
val listenerFrequency = 1
net.setListeners(new StatsListener(statsStorage, listenerFrequency))
```

最后，为了实现可视化，在后端添加 StatsStorage 实例（https://deeplearning4j.org/api/latest/org/deeplearning4j/ui/storage/InMemoryStatsStorage.html）。

```
uiServer.attach(statsStorage)
```

一旦在训练开始时运行了这个应用（以适当的方法执行），就可以通过 Web 浏览器访问 UI，网址如下：

```
http://localhost:<ui_port>/
```

它的默认监听端口是 9000。可以通过系统属性 org.deeplearning4j.ui.port 指定不同的端口，如下所示：

```
-Dorg.deeplearning4j.ui.port=9999
```

DL4J UI 的主界面是概述（Overview）页面，如图 8-2 所示。

在图 8-2 中，可以看到四个不同的部分。页面的左上方是模型评分迭代图（Model Score vs. Iteration），它显示了当前微批量处理的损失函数。右上方显示的是该模型的训练信息。左下方是一个权重迭代图表（Weights vs. Iteration），显示的是每层更新参数的比率，显示的值是以 10 为底的对数。在右下方，是一个显示了更新的标准偏差：梯度和激活。作为最后一个表，它的值也是以 10 为底的对数。

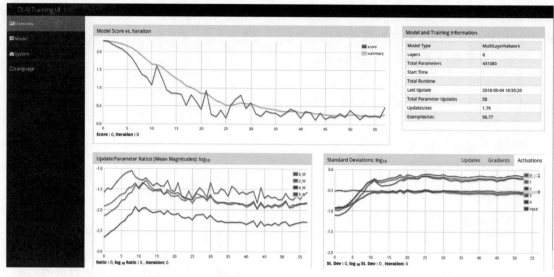

图 8-2　DL4J UI 主界面

DL4J UI 的另一页是模型（Model）页面，如图 8-3 所示。

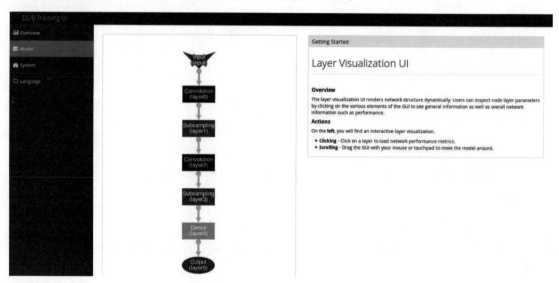

图 8-3　DL4J UI 的模型页面

图 8-3 是神经网络的图形示意图。单击图 8-3 中的某一层，就可以在图 8-4 中看到单层详细信息。

在页面的右边部分，可以看到一个包含所选图层详细信息的表格，以及一个显示该图层更新参数比率的图表（与概述页面一致）。向下滚动，还可以在同一部分中找到其他图表，这些图表展示了各层随时间的激活、参数的直方图、每种参数类型的更新和学习率与时间（Rate vs. Time）的关系图。

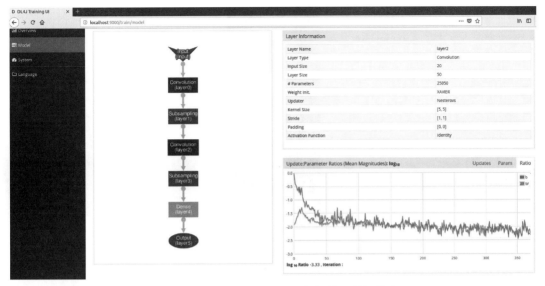

图 8-4   DL4J UI 的模型页面中的单层详细信息

DL4J UI 的第三页是系统（System）页面，如图 8-5 所示。

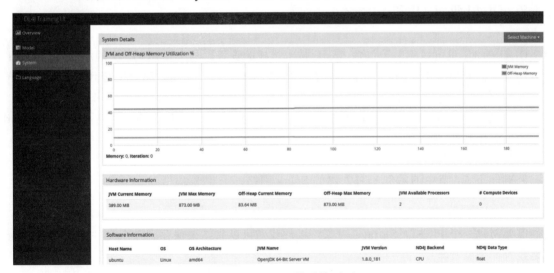

图 8-5   DL4J UI 的系统页面

图 8-5 显示了正在执行训练的每台机器的系统信息（JVM 和堆外内存利用率、硬件和软件细节）。

DL4J UI 的第四项是语言（Language），它列出了此 UI 支持的所有可翻译语言，如图 8-6 所示。

图 8-6　DL4J UI 支持的语言

8.1.2　DL4J 训练 UI 和 Spark

DL4J 的 UI 也可以应用于包含 Spark 技术堆栈的训练。与只使用 DL4J 的场景不同的是：一些冲突的依赖项需要 UI 和 Spark 运行在不同的 JVM。这里有两种可能的替代方案：

（1）在运行时收集并保存相关的训练统计数据，然后在离线时将它们可视化。

（2）执行 DL4J UI 并在单独的 JVM（服务器）中使用远程 UI 功能，然后将数据从 Spark 主服务器上传到 UI 服务器。

让我们看看如何实现第一种方案。

回顾一下 5.6 节中的示例，对创建的 Spark 网络：

```
val sparkNet = new SparkDl4jMultiLayer(sc, conf, tm)
```

我们需要创建一个 FileStatsStorage 对象，以便我们可以将结果保存到一个文件中，并为 Spark 网络设置一个监听器：

```
val ss:StatsStorage = new FileStatsStorage(new
File("NetworkTrainingStats.dl4j"))
    sparkNet.setListeners(ss, Collections.singletonList(new
StatsListener(null)))
```

然后，可以通过以下方法加载和显示保存的离线数据：

```
val statsStorage:StatsStorage = new
FileStatsStorage("NetworkTrainingStats.dl4j")
```

```
val uiServer = UIServer.getInstance()
uiServer.attach(statsStorage)
```

接下来探讨第二种方案。

如前所述，UI 服务器需要运行在单独的 JVM 上。从那里，需要启动 UI 服务器：

```
val uiServer = UIServer.getInstance()
```

然后，启用远程监听器：

```
uiServer.enableRemoteListener()
```

需要设置的依赖项（DL4J UI）与在 8.1.1 小节中展示的示例中使用的依赖项相同，如下所示：

```
groupId = org.deeplearning4j
    artifactId = deeplearning4j-ui_2.11
    version = 0.9.1
```

在 Spark 应用中（仍然需要参考 5.6 节中的 CNN 示例），在创建了 Spark 网络后，需要创建一个 RemoteUIStatsStorageRouter 实例，该实例异步地将所有更新发布到远程 UI，并最终将其设置为 Spark 网络的监听器：

```
val sparkNet = new SparkDl4jMultiLayer(sc, conf, tm)
    val remoteUIRouter:StatsStorageRouter = new
RemoteUIStatsStorageRouter("http://UI_HOST_IP:UI_HOST_PORT")
    sparkNet.setListeners(remoteUIRouter, Collections.singletonList(new
StatsListener(null)))
```

UI_HOST_IP 是运行 UI 服务器的设备 IP 地址，UI_HOST_PORT 是其监听端口。

为了避免与 Spark 的依赖项冲突，需要添加到这个应用的依赖列表中，而不是针对完整的 DL4J UI 模型：

```
groupId = org.deeplearning4j
    artifactId = deeplearning4j-ui-model
    version = 0.9.1
```

选择第二种替代方案，在训练过程中实时监控网络事件，并且在训练执行完成后不会下线。DL4J 的 UI 页面和显示内容与不使用 Spark 的网络训练场景相同（8.1.1 小节）。

8.1.3 使用可视化优化网络

现在，让我们看看如何理解 DL4J UI 中的可视化结果，并使用它们调优神经网络。从概述页面开始，模型评分迭代图显示了当前微批量处理的损失函数，应当随时间递减（如图 8-2 所示的示例）。无论如何，如果评分一直上升，很可能是学习率设置得太高了。这种情况下应该降低它，直到评分变稳定。观察到评分上升也有可能是其他原因导致的，如非标准化的数据。换而言之，如果评分持平或下降缓慢，有可能是学习率太低了或难以优化。如果是第二种情况，应该使用不同更新器重新训练。

在 8.1.1 小节给出的示例中，使用了 Nesterov 的 momentum 更新器（如图 8-4 所示），并得到了良好的结果（如图 8-2 所示）。可以通过 NeuralNetConfiguration.Builder 类的 updater 方法修改更新器，如下所示：

```
val conf = new NeuralNetConfiguration.Builder()
    ...
        .updater(Updater.NESTEROVS)
```

在这个折线图中出现一些噪声是意料之中的，但是如果分数在不同的测试中有很大的差异，这就是个问题了。其根本原因可能是前面提到的问题之一：学习率、标准化或数据变换。此外，如果将微批量处理包的大小设置得太小也会出现噪声，而且也可能导致优化困难。

其他一些用于理解调优训练中神经网络的重要信息的获取需要结合概述页和模型页的内容。参数（更新）的平均幅度取决于其在给定时间步内各绝对值的平均值。在训练运行时，平均幅度的比率由概述页面（针对整个网络）和模型页面（针对给定层）提供。在选择学习率时，可以使用这些比率值。通用的规则中比率一般是 0.001（1∶1000），在以 10 为底的对数图表中对应−3（如概述页面和模型页面所示），这适用于大部分网络（虽然不是全部网络，但始终是一个很好的起点）。当比率与这个值差异过大时，意味着网络参数可能不太稳定或它们可能训练得太慢而无法学习到有用的特征。通过调整整个网络、一层或多层的学习率，可以更改平均幅度的比率。

现在让我们探索模型页面上其他的有用信息，这些有助于调优过程。

模型页面的层激活（Layer Activations）图表可以用于检测消失和激活爆炸。这个图表在理想情况下应该随时间稳定。一个激活的良好标准偏差范围应该是 0.5～2.0。

若值明显超出了范围，表示发生了一些问题，如数据标准化不足、学习率过高或权重初始化不佳，如图 8-7 所示。

模型页面上关于权重和偏差的层参数直方（Layer Parameters Histogram，如图 8-8 所示）图表（权重），显示了当前最新的迭代，提供了其他的思路。

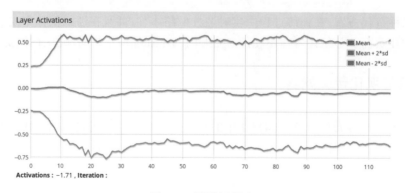

图 8-7　层激活图表

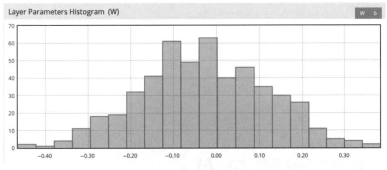

图 8-8　层参数直方图表（权重）

在训练执行一段时间后，这些权重柱状图应该大致呈高斯正态分布状态。对于偏差来说，它们通常从 0 开始，最终一般也呈高斯正态分布状态。向+/-无穷发散的参数可能意味着学习率太高了或网络的标准化不足。偏差变得很大意味着类的分布变得非常不平衡。

模型页面的显示权重和偏差的层更新直方（Layer Updates Histogram）图表（权重）也提供了其他有用的信息，如图 8-9 所示。

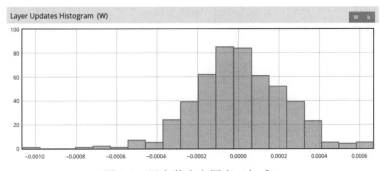

图 8-9　层参数直方图表（权重）

这与参数图一样，一段时间后将会呈现为高斯正态分布。很大的值表示网络中出现了梯度爆炸。在这种情况下，问题可能出现在权重初始化、输入/标记数据标准化或学习率上。

8.2　小结

在本章中，学习了使用 DL4J 提供的 UI 对神经网络在训练阶段进行监控和调整。还学习了如何在同时用 DL4J 和 Spark 进行训练的情况下使用 UI。最后，掌握了如何从 DL4J UI 页面内的图表上获取有用的信息，以发现潜在的问题并用一些方法纠正它们。

第 9 章将重点讨论如何评估一个神经网络，以便更准确地理解模型。在深入介绍 DL4J API 和 Spark API 的示例之前，将学习不同的评估技术。

第 *9* 章

神经网络评估

在第 8 章，讲述了如何使用 DL4J UI 的功能监控和调试多层神经网络。第 8 章的 8.1.3 小节也解释如何利用可视化的实时结果调整训练过程。在本章中，将介绍在训练模型完成后和投入生产前，如何评估模型的准确性。对于神经网络，有几种评估策略。本章介绍 DL4J API 提供的主要原理以及所有的实现方法。

在描述不同的评估技术时，同样尽可能地减少数学公式的使用，并将重点放在 DL4J 和 Spark Scala 的实施上。

本章主要包含以下内容：

- 分类问题的评估指标。
- 在 Spark 上下文中分类问题的评估指标。
- DL4J 支持的其他类型的评估。

9.1 使用 DL4J 的评估技术

在训练期间和部署 MNN 之前，了解模型的准确性和其性能是非常重要的。在第 8 章中了解到，在训练阶段结束时，可以将模型保存在 ZIP 存档中。从那里，可以运行它并通过设定的自定义 UI 测试它，如图 8-1 所示（它是通过 JavaFX 的功能实现的，示例中的源代码也将随本书附带）。但是，有很多其他重要的策略也可以用来执行评估。DL4J 提供了一个 API，可用于评估二分类器和多类分类器的性能。

第一节与其中的各部分将详细介绍分类（DL4J 和 Spark）的评估。而下一节会概述其他可用的评估策略，这些策略都依赖于 DL4J API。

9.1.1 分类问题的评估指标

用于实现评估功能的核心 DL4J 类是 evaluation（https://static.javadoc.io/org.deeplearning4j/deeplearning4j-nn/0.9.1/org/deeplearning4j/eval/Evaluation.html，属于 DL4J NN 模块）。

本小节中的示例使用的是鸢尾花数据集（IRIS 数据集，可以从 https://archive.ics.uci.edu/ml/datasets/iris 中下载）。它是一个多重变量数据集，由英国的统计学家和生物学家罗纳德·费希尔（Ronald Fisher）于 1936 年引入（https://en.wikipedia.org/wiki/Ronald_Fisher）。它包含来自山鸢尾、维吉尼亚鸢尾和变色鸢尾的 150 种记录和 50 个样本。从每个样品中测量出四个属性（特征），分别是萼片和花瓣的长度与宽度（以厘米为单位）。所使用的数据集结构与 4.3 节的示例相同。以下是这个数据集所包含的示例：

```
sepal_length,sepal_width,petal_length,petal_width,species
5.1,3.5,1.4,0.2,0
4.9,3.0,1.4,0.2,0
4.7,3.2,1.3,0.2,0
4.6,3.1,1.5,0.2,0
5.0,3.6,1.4,0.2,0
5.4,3.9,1.7,0.4,0
...
```

通常，像这种监督学习的场景，数据集分为 70% 和 30% 两部分。第一部分用于训练，第二部分用于计算误差和在必要时修改网络。本示例也是如此，将使用 70% 的数据集进行网络训练，将剩余的 30% 用于数据评估。

首先要做的是使用 CSVRecordReader 获取数据集（输入文件是一个以逗号分隔记录的列表）：

```
val numLinesToSkip = 1
    val delimiter = ","
    val recordReader = new CSVRecordReader(numLinesToSkip, delimiter)
    recordReader.initialize(new FileSplit(new
ClassPathResource("iris.csv").getFile))
```

现在，需要转换为在神经网络中使用的数据：

```
val labelIndex = 4
    val numClasses = 3
    val batchSize = 150

    val iterator: DataSetIterator = new
RecordReaderDataSetIterator(recordReader, batchSize, labelIndex,
numClasses)
    val allData: DataSet = iterator.next
    allData.shuffle()
```

输入文件的每行包括五个值，四个是输入特征，后面跟着一个整数标签（类）索引。这意味着第五个值是标签（labelIndex 是 4）。数据集具有三个代表鸢尾花类型的类。他们分别以整数值 0（山鸢尾）、1（维吉尼亚鸢尾）或 2（变色鸢尾）表示。

如前所述，将数据集分为两部分，70%的数据用于训练，其余部分用于评估：

```
val iterator: DataSetIterator = new
RecordReaderDataSetIterator(recordReader, batchSize, labelIndex, numClasses)
    val allData: DataSet = iterator.next
    allData.shuffle()
    val testAndTrain: SplitTestAndTrain = allData.splitTestAndTrain(0.70)

    val trainingData: DataSet = testAndTrain.getTrain
    val testData: DataSet = testAndTrain.getTest
```

通过 ND4J 的 SplitTestAndTrain 类进行拆分（https://deeplearning4j.org/api/latest/org/nd4j/linalg/dataset/SplitTestAndTrain.html）。

还需要使用 ND4J 的 NormalizerStandardize 类（https://deeplearning4j.org/api/latest/org/nd4j/linalg/dataset/api/preprocessor/NormalizerStandardize.html）标准化输入数据，以达到均值为 0 和标准差为 1：

```
val normalizer: DataNormalization = new NormalizerStandardize
    normalizer.fit(trainingData)
    normalizer.transform(trainingData)
    normalizer.transform(testData)
```

现在可以配置和构建模型了（一个简单的前馈神经网络）：

```
val conf = new NeuralNetConfiguration.Builder()
```

```
.seed(seed)
.activation(Activation.TANH)
.weightInit(WeightInit.XAVIER)
.l2(1e-4)
.list
.layer(0, new DenseLayer.Builder().nIn(numInputs).nOut(3)
.build)
.layer(1, new DenseLayer.Builder().nIn(3).nOut(3)
.build)
.layer(2, new
OutputLayer.Builder(LossFunctions.LossFunction.NEGATIVELOGLIKELIHOOD)
.activation(Activation.SOFTMAX)
.nIn(3).nOut(outputNum).build)
.backprop(true).pretrain(false)
.build
```

如图 9-1 所示是此示例中网络的图形展示。

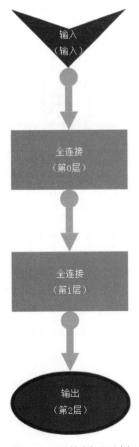

图 9-1 网络图形示例

可以从上述配置开始创建 MNN：

```
val model = new MultiLayerNetwork(conf)
    model.init()
    model.setListeners(new ScoreIterationListener(100))
```

如果使用输入数据集中为其保留的部分（70%），则可以开始训练了：

```
for(idx <- 0 to 2000) {
    model.fit(trainingData)
}
```

在训练结束时，可以使用输入数据集保留的部分（30%）完成评估：

```
val eval = new Evaluation(3)
    val output = model.output(testData.getFeatureMatrix)
    eval.eval(testData.getLabels, output)
    println(eval.stats)
```

传递给评估类函数构造的值是类的数量在评估中的占比。在这里是 3，因为在数据集中有 3 类。eval 方法会对测试数据集中的标签数组和模型生成的标签进行比较后输出，输出结果如图 9-2 所示。

```
Predictions labeled as 0 classified by model as 0: 18 times
Predictions labeled as 0 classified by model as 1: 1 times
Predictions labeled as 1 classified by model as 1: 4 times
Predictions labeled as 1 classified by model as 2: 13 times
Predictions labeled as 2 classified by model as 0: 1 times
Predictions labeled as 2 classified by model as 2: 16 times


=========================Scores=============================
 # of classes:    3
 Accuracy:        0.7170
 Precision:       0.7664
 Recall:          0.7079
 F1 Score:        0.6689
Precision, recall & F1: macro-averaged (equally weighted avg. of 3 classes)
===========================================================
```

图 9-2　输出结果

默认情况下，Evaluation 类的 stats 方法显示了混淆矩阵条目（每个条目一行）：准确率（Accuracy）、精确率（Precision）、召回率（Recall）和 F1 值（F1 Score），但是也可以显示其他信息。来看看这些统计数据 stats 是什么。

混淆矩阵是一个表格，用于描述分类器在测试数据集（已知真实值）上的性能表现。让我们看看表 9-1 中的示例（一个二分类器）。

表 9-1　二分类器示例

预测数量 = 200	预测为 no	预测为 yes
实际为 no	55	5
实际为 yes	10	130

以下是可以从前面的矩阵中看到的内容：

- 两种可以预测的类：yes 和 no。
- 分类器总共进行了 200 个预测。
- 在这 200 个样本中，分类器预测了 135 次 yes 和 65 次 no。
- 实际上，样本中有 140 个样本为 yes，60 个案例为 no。

下面对专业术语进一步解释以便理解，如下所示：

- **真阳性**（True positives，TP）：表示预测为正，实际也为正。
- **真阴性**（True negatives，TN）：表示预测为负，实际也为负。
- **假阳性**（False positives，FP）：表示预测为正，实际为负。
- **假阴性**（False negatives，FN）：表示预测为负，实际为正。

让我们思考表 9-2 中的示例。

表 9-2　混淆矩阵示例

实际结果	预测为 no	预测为 yes
实际为 no	TN	FP
实际为 yes	FN	TP

这是根据数字完成的。可以从混淆矩阵中计算出速率列表。参考本节中的代码示例，如下所示。

- **准确率**：表示分类器的正确率，（TP+TN）/总数。
- **精确率**：表示分类器在所有预测为正的样本中的正确率。
- **召回率**：表示分类器在所有实际为正的样本中的正确率。
- **F1 值**：这是结合了精确率和召回率的评估指标。它同时考虑了假阳性和假阴性：2 * TP /（2TP + FP + FN）。

Evaluation 类还可以显示其他信息，如几何平均数（G-measure）或马修斯相关系数（Matthews Correlation Coefficient）等；也可以显示混淆矩阵的完整表格：

```
println(eval.confusionToString)
```

通过上面的命令可以获得如图 9-3 所示的输出。

```
    Predicted:        0      1      2
    Actual:
0 0               |   21      1      0
1 1               |    0      3     13
2 2               |    0      1     14
```

图 9-3　示例输出 1

混淆矩阵也可以被直接访问并转换为 CSV 格式：

```
eval.getConfusionMatrix.toCSV
```

上面的命令可以获得如图 9-4 所示的输出。

```
,,Predicted Class,
,,0,1,2,Total
Actual Class,0,13,0,0,13
,1,1,2,14,17
,2,1,1,21,23
,Total,15,3,35,
```

图 9-4   示例输出 2

它也可以转换成 HTML 格式：

```
eval.getConfusionMatrix.toHTML
```

上面的命令可以获得如图 9-5 所示的输出。

```
<table>
<tr><th class="empty-space" colspan="2" rowspan="2"><th class="predicted-class-header" colspan="4">Predicted Class</th></tr>
<tr><th class="predicted-class-header">0</th><th class="predicted-class-header">1</th><th class="predicted-class-header">2</t
<tr><th class="actual-class-header" rowspan="4">Actual Class</th><th class="actual-class-header" >0</th><td class="count-elem
<tr><th class="actual-class-header">1</th><td class="count-element">1</td><td class="count-element">0</td><td class="count-
<tr><th class="actual-class-header">2</th><td class="count-element">0</td><td class="count-element">0</td><td class="count-
<tr><th class="actual-class-header">Total</th><td class="count-element">19</td><td class="count-element">0</td><td class="co
</tr>
</table>
```

图 9-5   示例输出 3

9.1.2   分类问题的评估指标——Spark 示例

接下来研究另一个关于评估分类问题的示例，它涉及 Spark 的上下文（分布式评估）。这个示例来自 5.6 节、7.1.1 小节和 8.1.2 小节，将在这里完成此示例剩下的内容。再次注意，它是在 MNIST 数据集上训练的对手写数字图像进行分类的示例。

在这些章节中，仅使用一部分 MNIST 数据集作为训练目标，但是下载的存档也包含一个名为 testing 的单独目录，其中保留了用于评估使用的其余数据。评估数据集也需要向量化，就像训练数据集一样：

```
val testData = new ClassPathResource("/mnist_png/testing").getFile
    val testSplit = new FileSplit(testData, NativeImageLoader.ALLOWED_FORMATS,
randNumGen)
    val testRR = new ImageRecordReader(height, width, channels, labelMaker)
    testRR.initialize(testSplit)
    val testIter = new RecordReaderDataSetIterator(testRR, batchSize, 1,
outputNum)
    testIter.setPreProcessor(scaler)
```

需要在将它加载到内存开始评估和并行化之前先执行这一步：

```
val testDataList = mutable.ArrayBuffer.empty[DataSet]
    while (testIter.hasNext) {
        testDataList += testIter.next
    }
```

```
val paralleltesnData = sc.parallelize(testDataList)
```

然后，评估可以通过 Evaluation 类完成，这就是在上一节的例子中所做的：

```
val sparkNet = new SparkDl4jMultiLayer(sc, conf, tm)
    var numEpochs: Int = 15
    var i: Int = 0
    for (i <- 0 until numEpochs) {
        sparkNet.fit(paralleltrainData)
        val eval = sparkNet.evaluate(parallelTestData)
        println(eval.stats)
        println("Completed Epoch {}", i)
        trainIter.reset
        testIter.reset
    }
```

通过 Evaluation 类的 stats 方法产生的输出和其他任意使用 DL4J 进行训练和评估的网络实现一样，如图 9-6 所示。

```
Predictions labeled as 0 classified by model as 0: 980 times
Predictions labeled as 1 classified by model as 0: 1135 times
Predictions labeled as 2 classified by model as 0: 1032 times
Predictions labeled as 3 classified by model as 0: 1010 times
Predictions labeled as 4 classified by model as 0: 982 times
Predictions labeled as 5 classified by model as 0: 892 times
Predictions labeled as 6 classified by model as 0: 958 times
Predictions labeled as 7 classified by model as 0: 1028 times
Predictions labeled as 8 classified by model as 0: 974 times
Predictions labeled as 9 classified by model as 0: 1009 times

Warning: 9 classes were never predicted by the model and were excluded from average precision
Classes excluded from average precision: [1, 2, 3, 4, 5, 6, 7, 8, 9]

==============================Scores==============================
# of classes:    10
Accuracy:        0.0980
Precision:       0.0980        (9 classes excluded from average)
Recall:          0.1000
F1 Score:        0.1785        (9 classes excluded from average)
Precision, recall & F1: macro-averaged (equally weighted avg. of 10 classes)
==================================================================
```

图 9-6　示例输出 4

也可以通过 SparkDl4jMultiLayer 类的 doEvaluation 方法执行多种评估指标。此方法需要三个输入参数：要评估的数据（以 JavaRDD<org.nd4j.linalg.dataset.DataSet>的形式）、一个空的 Evaluation 实例和一个表示评估批处理大小的整数。它返回被填充的 Evaluation 对象。

9.2　其他类型的评估

其他类型的评估方式可通过 DL4J API 获得，本节将会列出它们。

通过 RegressionEvaluation 类（DL4J NN，https://static.javadoc.io/org.deep learning4j/deeplearning4j-nn/1.0.0-alpha/org/deeplearning4j/eval/RegressionEvaluation.

html）可以评估执行回归的网络。参考 9.1.1 小节中的示例，可以通过以下方式进行回归评估：

```
val eval = new RegressionEvaluation(3)
    val output = model.output(testData.getFeatureMatrix)
    eval.eval(testData.getLabels, output)
    println(eval.stats)
```

stats 方法产生的输出包括均方误差（Mean Square Error，MSE）、平均绝对误差（Mean Absolute Error，MAE）、均方根误差（Root Mean Squared Error，RMSE）、相对平方误差（Relative Squared Error，RSE）和决定系数（Coefficient of Determination，R^2），如图 9-7 所示。

```
Column     MSE           MAE           RMSE          RSE           PC            R^2
col_0      8.06825e-02   2.59285e-01   2.84047e-01   3.59742e-01   9.76614e-01   6.40258e-01
col_1      2.08553e-01   4.21093e-01   4.56676e-01   9.57232e-01   4.64832e-01   4.27680e-02
col_2      1.63564e-01   3.60942e-01   4.04430e-01   7.29286e-01   5.43598e-01   2.70714e-01
```

图 9-7　stats 方法的输出

接收器操作特性曲线（Receiver Operating Characteristic，ROC，https://en.wikipedia.org/wiki/Receiver_operating_characteristic）是另一种常用于评估分类器的度量值。DL4J 为 ROC 提供了三种不同的实现方法。

- ROC（https://deeplearning4j.org/api/1.0.0-beta2/org/deeplearning4j/eval/ROC.html），二元分类器。
- ROCBinary（https://deeplearning4j.org/api/1.0.0-beta2/org/deeplearning4j/eval/ROCBinary.html），多任务分类器。
- ROCMultiClass（https://deeplearning4j.org/api/1.0.0-beta2/org/deeplearning4j/eval/ROCMultiClass.html），多类分类器。

前面介绍的三个类都可以使用 calculateAUC 方法计算接收器操作特征曲线下面积（Area Under Receiver Operating Characteristic Curve，AUROC）和使用 calculateAUPRC 方法计算 PR 曲线下面积（Area Under Precision-Recall Curve，AUPRC）。这三种 ROC 实现都支持以下两种计算模式。

- **阈值**（Thresholded）：它使用较少的内存，并且计算结果接近 AUROC 和 AUPRC，适用于非常大的数据集。
- **精确**（Exact）：这是默认模式。它结果准确但是需要更多的内存，不适用于非常大的数据集。

可以导出 HTML 格式的 AUROC 和 AUPRC，以便使用 Web 浏览器进行查看。必须使用 EvaluationTools 类的 exportRocChartsToHtmlFile 方法（https://deeplearning4j.org/api/1.0.0-beta2/org/deeplearning4j/evaluation/EvaluationTools.html）进行导出。它可以导出 ROC 并将文件对象（目标 HTML 文件）作为参数。将两条曲线保存在一个 HTML 文件中。

使用 EvaluationBinary 类（https://deeplearning4j.org/api/1.0.0-beta2/org/

deeplearning4j/eval/EvaluationBinary.html）对网络进行二分类输出的评估。为每个输出计算出典型的分类指标（准确率、精确率、召回率、F1 值等）。下面是这个类的语法：

```
val size:Int = 1
    val eval: EvaluationBinary = new EvaluationBinary(size)
```

那么对于时间序列如何评估（如 RNN）？它与本章目前为止已经介绍的分类评估方法非常相似。对于 DL4J 中的时间序列，将单独的对所有非屏蔽时间步执行评估。但是，RNN 的屏蔽是什么？RNN 要求输入具有固定的长度。屏蔽是一种用于处理此问题的技术，因为它会标记缺少的时间步。与前面介绍的其他评估案例之间的唯一区别是可选的屏蔽阵列。这意味着，在许多时间序列情况下，可以只使用 MultiLayerNetwork 类的 evaluate 或 evaluateRegression 方法。无论是否应使用掩码数组，都可以通过这两种方法妥善处理它们。

DL4J 还提供了一种分析一个分类器校准的方法——EvaluationCalibration 类（https://deeplearning4j.org/api/1.0.0-beta2/org/deeplearning4j/eval/EvaluationCalibration.html）。它提供了许多工具，如下所示：

- 每个类别的标签和预测的数量计数。
- 可靠性图（http://www.bom.gov.au/wmo/lrfvs/reliability.shtml）。
- 残差图（http://www.statisticshowto.com/residual-plot/）。
- 每个类别的概率直方图。

使用该类对分类器进行评估的方式与其他评估类相似。可以通过 EvaluationTools 类的 exportevaluationCalibrationToHtmlFile 方法以 HTML 格式导出其平面图和直方图。此方法需要一个 EvaluationCalibration 实例和一个文件对象（目标 HTML 文件）作为参数。

9.3　小结

在本章中，学习了如何使用 DL4J API 提供的各种功能以编程方式评估一个模型的效率。现在，已经完成了使用 DL4J 和 Spark 进行 MNN 的实施、培训和评估的整个过程。

第 10 章将对分布式环境的部署以及导入和执行预训练的 Python 模型进行一些介绍，以及对 DL4J 与 Scala 编程语言中一些替代深度学习框架进行比较。

第 **10** 章

在分布式系统上部署

本书接下来的章节会将到目前为止所学的 CNN 和 RNN 知识应用于现实中实用的几个案例，在此之前会先探讨生产环境中的 DL4J。

本章主要包含以下内容：

● 关于在生产环境中设置 DL4J 环境的一些注意事项，特别是内存管理、CPU 和 GPU 设置，以及训练作业的提交。

● 分布式训练体系结构的细节（在 DL4J 中实施数据并行和策略）。

● 在基于 DL4J（JVM）的生产环境中导入、训练和执行 Python（Keras 和 TensorFlow）模型的实用方法。

● DL4J 与 Scala 编程语言的两个替代深度学习框架的比较（将重点介绍它们是否已准备好投入生产）。

10.1 使用 DL4J 设置分布式环境

本节介绍 DL4J 神经网络模型在训练和执行时需要设置生产环境的一些技巧。

10.1.1 内存管理

在 7.1.3 小节中，学习了 DL4J 在训练或运行模型时如何处理内存。由于它依赖于 ND4J，还利用堆外内存，而不仅仅使用堆内存。由于不在堆内，这意味着它不在 JVM 的垃圾回收（Garbage Collection，GC）机制的管理范围内（被分配的内存在 JVM 之外）。在 JVM 级别中，只有指向堆外内存位置的指针，才可以通过 Java 本地接口（Java Native Interface，JNI，https://docs.oracle.com/javase/8/docs/technotes/guides/jni/spec/jniTOC.html）使用 ND4J 的操作。

在 DL4J 中，可以通过以下两种方式管理内存：

● JVM GC 和弱引用跟踪。
● 内存工作空间。

这两种方法都会在本小节中讨论。两者背后的原理是相同的：一旦不再需要 INDArray，与它相关的堆外内存应该被释放，这样它就可以被重用。这两种方法的区别如下：

● JVM GC：当一个 INDArray 被垃圾收集器收集时，它的堆外内存将被释放，并假设它没有在其他地方被使用。
● 内存工作空间：当 INDArray 离开工作空间时，它的堆外内存可以被重用，而不需要解除分配和重新分配。

参见 7.1.3 小节的内容，关于如何配置堆和堆外内存限制的详细信息。

关于内存工作空间需要进行更深入的介绍。与 JVM GC 方法相比，它在循环工作负载中的性能方面是最好的。在工作空间中，任何操作都可以使用 INDArray。然后在工作空间循环结束时，内存中的所有 INDArray 内容都将失效。如果要在工作空间外使用 INDArray(需要将结果移出工作空间的情况)，可以使用 INDArray 自带的 detach 方法创建一个独立的副本。

在 DL4J 的 1.0.0-alpha 或更高版本中，工作空间是默认启用的。在 DL4J 0.9.1 或更早的版本中若要使用它们，需要先激活它们。以 DL4J 0.9.1 为例，在网络配置时，工作区可以这样激活（用于训练）：

```
val conf = new NeuralNetConfiguration.Builder()
        .trainingWorkspaceMode(WorkspaceMode.SEPARATE)
```

由此可以推断，它们可以通过以下方式激活：

```
val conf = new NeuralNetConfiguration.Builder()
```

```
.inferenceWorkspaceMode(WorkspaceMode.SINGLE)
```

一个 SEPARATE 工作空间虽然缓慢但是占用内存少。一个 SINGLE 工作空间速度更快也需要占用更多的内存。使用 SEPARATE 还是 SINGLE 取决于在内存占用和性能之间作出的选择。当启用工作空间时，训练期间使用的所有内存都可以重用并被跟踪，而且不会受到 JVM GC 的影响。只有在工作空间内部用于前馈循环的 output 方法是一个例外，它会将结果 INDArray 从工作空间中分离出来，这样 JVM GC 就可以处理它。自从发布 1.0.0-beta 版本后，SEPARATE 和 SINGLE 模式就已经被弃用了，可用模式变为了 ENABLED（默认）和 NONE。

请记住，当训练过程使用工作空间时，为了从中获得最大的收益，需要禁用 GC 定期调用，操作如下所示：

```
Nd4j.getMemoryManager.togglePeriodicGc(false)
```

或者降低它们的频率，如下所示：

```
val gcInterval = 10000 // 以毫米为单位
    Nd4j.getMemoryManager.setAutoGcWindow(gcInterval)
```

这个设置应该在训练中为模型调用 fit 方法前完成。工作空间模式也可以用于 ParallelWrapper（仅在需要 DL4J 的训练中，需要在同一服务器上运行多个模型）。在某些情况下为了节省内存，有必要释放训练或评估时创建的所有工作空间。这可以通过调用 WorkspaceManager 方法实现，如下所示：

```
Nd4j.getWorkspaceManager.destroyAllWorkspacesForCurrentThread
```

它破坏了在调用线程中创建的所有工作空间。在一些不再需要的外部线程中创建的工作空间也可以在该线程中使用相同的方法销毁。

在 DL4J 发布的 1.0.0-alpha 和更高版本中，当使用 nd4j-native 后端时，也可以使用内存映射文件替代 RAM。虽然它的速度相对较慢，但它是通过一种使用 RAM 无法实现的方式分配内存的。这个选项主要在 INDArray 不能装入 RAM 的情况下使用。下面介绍如何通过编程实现它：

```
val mmap = WorkspaceConfiguration.builder
        .initialSize(1000000000)
        .policyLocation(LocationPolicy.MMAP)
        .build
try (val ws = Nd4j.getWorkspaceManager.getAndActivateWorkspace(mmap, "M2"))
{
        val ndArray = Nd4j.create(20000) //INDArray
}
```

在这个示例中，先创建了一个 2GB 的临时文件，在那里映射了一个工作空间，并且在该工作空间中创建了 ndArray INDArray。

10.1.2　CPU 与 GPU 设置

正如本书前面提到的，任何通过 DL4J 实现的应用程序都可以在 CPU 或 GPU 上执行。要从 CPU 切换到 GPU，需要更改 ND4J 的应用程序依赖项。下面是一个关于 CUDA 9.2 版(以及更高版本)和可兼容 NVIDIA 硬件的示例（这个示例是 Maven 的，但是同样的依赖项设置也适用于 Gradle 或 sbt），如下所示：

```
<dependency>
    <groupId>org.nd4j</groupId>
    <artifactId>nd4j-cuda-9.2</artifactId>
    <version>0.9.1</version>
</dependency>
```

这个依赖项替代了 nd4j-native。

当系统中有多个 GPU 时，要考虑它是否应该被限制并强制在单个 GPU 上运行，以编程的方式通过 nd4j-cuda 库的 CudaEnvironment 帮助类（https://deeplearning4j.org/api/latest/org/nd4j/jita/conf/CudaEnvironment.html）修改它。下面这行代码需要作为 DL4J 应用程序入口点的第一条指令执行：

```
CudaEnvironment.getInstance.getConfiguration.allowMultiGPU(true)
```

在第 10.1.1 节中，学习了如何在 DL4J 中配置堆和堆外内存。在 GPU 上运行时需要注意一些事项。应当明确定义 GPU 的内存限制，使用命令行参数 org.bytedeco.javacpp.maxbytes 和 org.bytedeco.javacpp.maxphysicalbytes，因为堆外内存 INDArray 被映射到了 GPU 上（使用了 nd4j-cuda）。

此外，当在 GPU 上运行时，在 JVM 堆内使用的 RAM 很可能更少，而堆外使用的 RAM 更多，因为所有 INDArray 都存储在堆外。向 JVM 堆内分配太多内存会造成堆外没有足够内存的风险确实存在。无论如何，在某些情况下进行特定的设置并执行可能会导致以下异常：

```
RuntimeException: Can't allocate [HOST] memory: [memory]; threadId:
[thread_id];
```

这意味着用光了堆外内存。在这种情况下（特别是对于训练来说），需要考虑工作空间的配置 WorkspaceConfiguration 进行 INDArray 内存分配（如 10.1.1 小节所述）。否则，INDArray 及其堆外资源将通过 JVM GC 的方法回收，这可能会严重增加延迟并出现其他潜在的内存外的问题。

用于设置内存限制的命令行参数是可选的。如果不进行指定，默认情况下，堆内存的限制为系统总 RAM 的 25%，而堆外内存的限制将设置为堆内存预留的两倍。需要找到完美的平衡点，特别是使用 GPU 执行的情况下，要考虑 INDArray 所需堆外内存的预估量。

通常，CPU RAM 大于 GPU RAM。因此，需要监视堆外占用了多少 RAM。DL4J 在 GPU 上分配的内存等于通过前面提到的命令行参数指定的堆外内存数量。为了使 CPU 和 GPU 之间的通信更高效，DL4J 也会在 CPU RAM 上分配堆外内存。这样，CPU 就可以从 INDArray 中直接访问数据，而不需要在任何时候都从 GPU 中获取数据。

然而，有一个警告：如果 GPU 的 RAM 小于 2GB，它可能不适合深度学习所需的生产工作负载。在这种情况下，应该使用 CPU。通常，深度学习工作负载需要至少 4GB RAM（在 GPU 上建议 8GB RAM）。

最后一项需要考虑的是：使用 CUDA 后端和工作空间，也可以使用 HOST_ONLY 内存。可以像下面示例这样进行编程设置：

```
val basicConfig = WorkspaceConfiguration.builder
    .policyAllocation(AllocationPolicy.STRICT)
    .policyLearning(LearningPolicy.FIRST_LOOP)
    .policyMirroring(MirroringPolicy.HOST_ONLY)
    .policySpill(SpillPolicy.EXTERNAL)
    .build
```

这虽然降低了性能，但当使用 INDArray 的 unsafeDuplication 方法时，它与内存缓存配合是很好用的，高效（但不安全）地执行 INDArray 复制。

10.1.3 建立一个提交给 Spark 用于训练的作业

到这个阶段，假设已经开始浏览并尝试使用 GitHub 库中的与本书搭配的代码示例（https://github.com/PacktPublishing/Hands-On-Deep-Learning-with-Apache-Spark）。如果是这样的话，你应该注意到所有的 Scala 示例都使用 Apache Maven（https://maven.apache.org/）进行打包和依赖项管理。在本小节中，将引用这个工具构建一个 DL4J 作业，然后将其提交给 Spark 训练模型。

一旦确认所开发的作业已经准备好了在目标 Spark 集群中进行训练，首先要做的就是构建 uber-JAR 文件（也称为 fat JAR 文件，指包含应用程序和其依赖项的 JAR），它包含 Scala DL4J Spark 的编程类和依赖项。检查此项目的所有 DL4J 依赖项是否都在项目 POM 文件的 <dependencies> 块中。检查是否选择了正确的 dl4j-Spark 库版本，本书中的所有示例都是基于 Scala 2.11.x 和 Apache Spark 2.2.x 设计的。其代码应该如下所示：

```
<dependency>
        <groupId>org.deeplearning4j</groupId>
        <artifactId>dl4j-spark_2.11</artifactId>
        <version>0.9.1_spark_2</version>
</dependency>
```

如果项目的 POM 文件涉及其他依赖文件，引用了 Scala 和/或任何 Spark 库，请使用 provided 声明使用它们的范围，因为它们在集群节点上已经可用了。这样一来就可以轻量化 uber-JAR。

当检查了依赖项正确无误，需要指定 POM 文件构建 uber-JAR。有三种方法打包 uber-JAR：

非遮蔽（unshaded）、遮蔽（shaded）和嵌套方法（JAR of JARs）。对于此例来说，最适用遮蔽的是 uber-JAR。关于无遮蔽的方式，它使用 Java 默认的加载器（所以这里不需要捆绑额外的特定类加载器），其优点是可以忽略一些依赖项版本上的冲突和当进行额外的转换时，多个 JAR 文件显示在相同的路径上。遮蔽可以在 Maven 中通过遮蔽 Shade 插件实现（http://maven.apache.org/plugins/maven-shade-plugin/）。该插件需要在 POM 文件的<plugin>部分进行注册，如下所示：

```
<plugin>
        <groupId>org.apache.maven.plugins</groupId>
        <artifactId>maven-shade-plugin</artifactId>
        <version>3.2.1</version>
        <configuration>
          <!–把你的配置放在这里 -->
        </configuration>
        <executions>
          <execution>
            <phase>package</phase>
            <goals>
              <goal>shade</goal>
            </goals>
          </execution>
        </executions>
</plugin>
```

这个插件通过以下命令运行：

```
mvn package -DskipTests
```

在打包过程的最后，这个最新版的插件用 uber-JAR 替换了轻量级的 JAR，并用原来的文件名重命名它。对于具有以下坐标的项目，uber-JAR 的名字应该改为 rnnspark-1.0.jar：

```
<groupId>org.googlielmo</groupId>
<artifactId>rnnspark</artifactId>
<version>1.0</version>
```

无论如何轻量级的 JAR 还是保留了下来，但是它被重命名为 original-rnnspark-1.0.jar。它们都可以在项目根目录指定的子目录中找到。

然后可以使用 spark-submit 脚本将 JAR 提交到 Spark 集群中进行训练，这与其他 Spark 作业的方式相同，如下所示：

```
$SPARK_HOME/bin/spark-submit --class <package>.<class_name> --master
<spark_master_url> <uber_jar>.jar
```

10.2 Spark 分布式训练架构细节

在 7.1 节中阐述了为什么跨集群分布式部署对 MNN 是十分重要的，并介绍了 DL4J 是以参数平均化方法并行训练的。本节介绍分布式训练方法的架构细节（参数平均和异步随机梯度共享，其自从框架的 1.0.0-beta 版本开始代替了 DL4J 内的参数平均化方法）。这种 DL4J 实现分布式训练的方式对开发人员来说是透明的，所以无论如何了解它还是有好处的。

10.2.1 模型并行和数据并行

并行/分布式训练计算可以通过模型并行（model parallelism）或数据并行（data parallelism）实现。

在模型并行（如图 10-1 所示）中，集群的不同节点负责计算一个 MNN 的不同部分（其中一种方式是将网络的每层分配给不同的节点）。

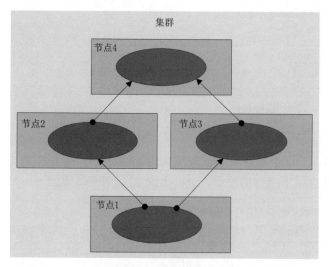

图 10-1　模型并行

在数据并行（如图 10-2 所示）中，每个集群节点都有一个完整的网络模型副本，但它们得到的是训练数据的不同子集。最后将每个节点的输出进行组合。

这两种方法也可以结合起来，它们并不互斥。模型并行在实践中虽然很好，但数据并行在分布式训练中必须优先考虑，因为数据并行比模型并行更容易实现容错性能和优化集群资源利用（这里仅举几个例子）。

数据并行方法需要某些方式合并结果和跨工作器的同步模型参数。在接下来的两小节中，将探讨在 DL4J 中实现的两个参数（参数平均和异步随机梯度共享）。

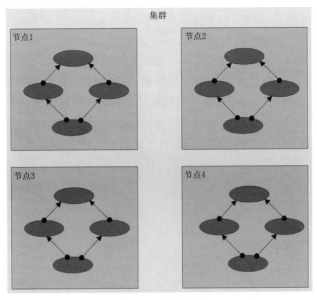

图 10-2　数据并行

10.2.2　参数平均

参数平均的流程如下：

（1）主机根据模型的配置初始化神经网络的各个参数。

（2）将当前参数的副本分发给每个工作器。

（3）每个工作器使用其自己的数据子集开始训练。

（4）主机将全局参数设置为每个工作器的平均参数。

（5）在有更多数据要处理的情况下，则流程从步骤（2）开始循环重复。

图 10-3 以图形的方式展示了从步骤（2）到步骤（4）：

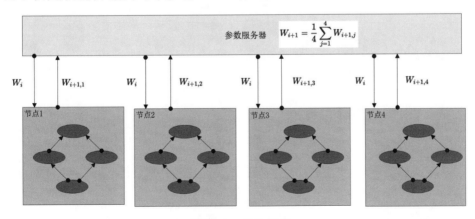

图 10-3　参数平均

在图 10-3 中，W 代表网络中的参数（权重和偏差）。在 DL4J 中，此实现使用的是 Spark 的 TreeAggregate（https://umbertogriffo.gitbooks.io/apache-spark-best-practices-and-tuning/content/treereduce_and_treeaggregate_demystified.html）。

参数平均虽然是一种简单的方式，但它仍然有一些挑战。对于参数平均最直观的看法是在每次迭代后简单地对参数进行平均处理。尽管此方法奏效，但增加的开销非常大，而且网络通信和同步的成本可能会抵消掉额外添加节点所带来的收益。因此，参数平均通常以增大的平均周期（每个工作器的微批次）的方式实现。一个合适的平均周期为每个工作器的 10～20 个微批次。已经证明这些方法（http://ruder.io/optimizing-gradient-descent/）改善了神经网络训练过程中的收敛性。但是它们的内部状态可能也会被平均。这样可以使每个工作器的收敛速度更快，但代价是网络传输的大小增加了一倍。

10.2.3 异步随机梯度共享

异步随机梯度共享算法已经被添加进最新版本的 DL4J（以及之后的版本）。异步随机梯度共享和参数平均之间的主要区别在于，异步随机梯度共享中更新替代了参数从工作器传输到参数服务器。从架构的角度来看，这类似于参数平均（如图 10-4 所示）。

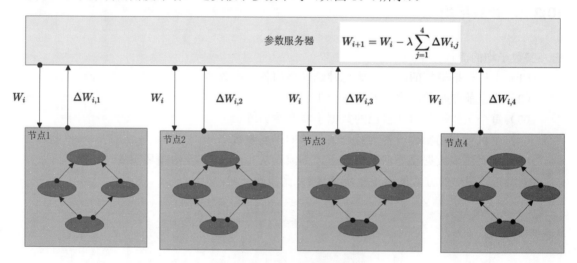

图 10-4　异步随机梯度共享架构

不同的是公式计算了不同的参数：

$$W_{i+1} = W_i - \lambda \sum_{j=1}^{N} \Delta W_{i,j}$$

在这里 λ 是比例因子。异步随机梯度共享算法是通过将计算后的 $\Delta W_{i,j}$ 更新立即应用于参数向量而获得的。

异步随机梯度共享的主要好处之一是可以在分布式系统中获得更高的吞吐量，而不必等待参数平均步骤完成，因此工作器可以将更多的时间用在执行有效计算上。另一个好处是与使用同步更新的情况相比，这些工作器可以更快地合并其他工作器的参数更新。

异步随机梯度共享的一个缺点是所谓的旧梯度问题。梯度的计算（更新）需要时间，并且当工作器完成计算并将结果应用于全局参数矢量时，参数可能已更新了不止一次（这是在参数平均中看不到的问题，因为它有同步特性）。为了减轻这个遗留的梯度问题，已经提出过几种方法。其中一种方法是根据梯度的新旧程度分别为每个更新缩放对应的值。另一种方法称为软同步：参数服务器等待从任何学习器那里收集给定数量的更新，而不是立即更新全局参数向量。然后，其更新参数的公式变为

$$W_{i+1} = W_i - \frac{1}{s} \sum_{j=1}^{s} \lambda(\Delta W_j) \Delta W_j$$

这里 s 是参数服务器等待收集的更新数量，$\lambda(\Delta W_j)$ 是标量的陈旧依赖缩放因子。

在 DL4J 中，虽然参数平均实现始终具有容错性，但从 1.0.0-beta3 版本开始，梯度共享也已经实现完全容错。

10.3 使用 DL4J 将 Python 模型导入 JVM

在第 9 章中，已经了解到 DL4J API 在配置、构建和训练多层神经网络模型时是多么强大，同时又是多么容易操作。仅依靠 Scala 或 Java 的这个框架，可以实现的新模型几乎是数不胜数的。

但是，让我们看看以下谷歌的搜索结果，他们关注的是在网络上可用的 TensorFlow 神经网络模型，如图 10-5 所示。

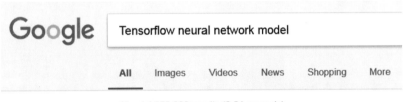

图 10-5　在 Google 上搜索 TensorFlow 神经网络模型的结果

可以看到，就结果而言这是一个相当令人印象深刻的数量。这只是一个原始的搜索，将搜索细化到更具体的模型实现意味着这个数字相当大。但 TensorFlow 是什么？TensorFlow（https://www.tensorflow.org/）是一个强大而全面的机器学习和深度学习开源框架，由谷歌 Brain 团队开发。当下，它是数据科学家最常用的框架，所以它有一个庞大的社区，有很多共享的模型和示例可供使用。这就解释了为什么会有这么多的搜索结果。在这些模型中，找到一个符合特定用例需求的预训练模型的机会是很高的。那么，有什么问题呢？TensorFlow 主要

支持 Python。

　　它提供了对其他编程语言的支持，如针对 JVM 的 Java API，但是它的 Java API 目前还处于试验阶段，还无法保证 TensorFlow API 的稳定性。此外，对于没有或只有基本数据科学背景的非 Python 开发人员和软件工程师来说，TensorFlow Python API 提供了一条险峻的学习曲线。那么，如何能让他们从这个框架中受益呢？如何在基于 JVM 的环境中重复使用当前的有效模型呢？ Keras（`https://Keras.io/`）可以解决这个问题。它是一个开源的、用 Python 编写的高级神经网络库，可以用来替换 TensorFlow 高级 API（图 10-6 显示了 TensorFlow 框架架构）：

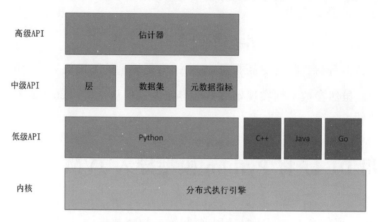

图 10-6　TensorFlow 框架架构

　　与 TensorFlow 相比，Keras 是轻量级的，允许更简单的原型。它不仅可以运行在 TensorFlow 上，还可以运行在其他后端 Python 引擎上。最后但同样重要的是它可以将 Python 模型导入 DL4J。Keras 模型导入 DL4J 库提供了通过 Keras 框架配置和训练的神经网络模型的工具。

　　图 10-7 显示了一旦一个模型被导入 DL4J 中，整个生产栈都可以使用它。

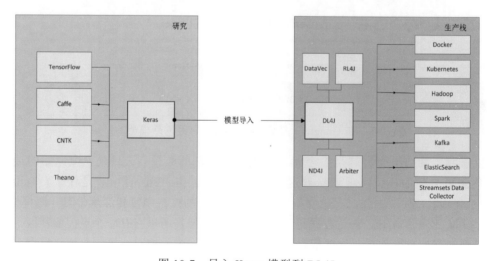

图 10-7　导入 Keras 模型到 DL4J

现在深入探讨这是如何发生的。对于本节中的示例，假设机器已经拥有 Python 2.7.x 并为其安装了 pip 包（https://pypi.org/project/pip/）。为了在 Keras 中实施一个模型，必须安装 Keras 并选择一个后端（这里的示例用的是 TensorFlow，则必须先安装 TensorFlow），如下所示：

```
sudo pip install tensorflow
```

这只对 CPU 有效。如果需要在 GPU 上运行，需要安装以下软件：

```
sudo pip install tensorflow-gpu
```

现在可以通过以下方式运行 Keras 了：

```
sudo pip install keras
```

Keras 默认使用 TensorFlow 作为其张量操作库，因此如果使用 TensorFlow 作为后端，则不需要采取额外的操作。

让我们从简单的步骤开始，使用 Keras API 实现 MLP 模型。在完成必要的导入后，输入以下代码行：

```
from keras.models import Sequential
from keras.layers import Dense
```

创建一个 Sequential 模型，如下所示：

```
model = Sequential()
```

接下来通过 Sequential 中的 add 方法添加层，如下所示：

```
model.add(Dense(units=64, activation='relu', input_dim=100))
model.add(Dense(units=10, activation='softmax'))
```

这个模型学习进程的配置可以通过 compile 方法实现，如下所示：

```
model.compile(loss='categorical_crossentropy',
              optimizer='sgd',
              metrics=['accuracy'])
```

最后，将模型序列化为 HDF5 格式，如下所示：

```
model.save('basic_mlp.h5')
```

分层数据格式（Hierarchical Data Format，HDF）是一类文件格式（扩展名为.hdf5 和.h5），用于存储和管理大量数据，特别是多维数字数组。Keras 使用它保存和加载模型。

在保存这个简单的程序 basic_mlp.py 后运行它，此模型将会把它序列化并保存到 basic_mlp.h5 文件中，如下所示：

```
sudo python basic_mlp.py
```

现在，已经准备好将这个模型导入 DL4J 中。需要在 Scala 项目中添加常见的 DataVec API、DL4J 内核和 ND4J 依赖项，以及 DL4J 模型导入库，如下所示：

```
groupId: org.deeplearning4j
artifactId: deeplearning4j-modelimport
version: 0.9.1
```

从项目资源文件夹中复制 basic_mlp.h5 文件，然后通过编程方式获取它的路径，如下所示：

```
val basicMlp = new ClassPathResource("basic_mlp.h5").getFile.getPath
```

接下来使用 KerasModelImport 类的 importKerasSequentialModelAndWeights 方法（https://static.javadoc.io/org.deeplearning4j/deeplearning4j-modelimport/1.0.0-alpha/org/deeplearning4j/nn/modelimport/keras/KerasModelImport.html）将模型加载为 DL4J MultiLayerNetwork，如下所示：

```
val model = KerasModelImport.importKerasSequentialModelAndWeights(basicMlp)
```

生成一些模拟数据，如下所示：

```
val input = Nd4j.create(256, 100)
var output = model.output(input)
```

现在，可以在 DL4J 中以常规的方式训练模型了，如下所示：

```
model.fit(input, output)
```

在第 7 章、第 8 章以及第 9 章中的所有关于使用 DL4J 训练、监控和评估的概念，在这里都用到了。

当然，在 Keras 中训练模型是可能的（如下面的示例所示）：

```
model.fit(x_train, y_train, epochs=5, batch_size=32)
```

这里，x_train 和 y_train 是 NumPy（http://www.numpy.org/）数组，在其被序列化格式保存前求值，如下所示：

```
loss_and_metrics = model.evaluate(x_test, y_test, batch_size=128)
```

最后，可以用前面介绍过的方式导入预先训练过的模型，并运行它。

与 Sequential 模型的导入一样，DL4J 也允许导入 Keras Functional 模型。

最新版本的 DL4J 也允许导入 TensorFlow 模型。假设想导入这个（https://github.com/tensorflow/models/blob/master/official/mnist/mnist.py）预先训练过的模型（MNIST 数据集的 CNN 估计器）。在 TensorFlow 中进行的训练结束后，可以以序列化的格式保存模型。TensorFlow 的文件格式基于协议缓冲区（Protocol Buffers，https://developers.google.com/protocol-buffers/?hl=en），这是一种与语言和平台无关且可扩展的结构化数据。

复制序列化的 mnist.pb 文件放入 DL4J Scala 项目的资源文件夹中，然后通过编程方式获取并导入模型，如下所示：

```
val mnistTf = new ClassPathResource("mnist.pb").getFile
```

```
        val sd = TFGraphMapper.getInstance.importGraph(mnistTf)
```

最后，给模型输入图像并开始进行预测，如下所示：

```
for(i <- 1 to 10){
      val file = "images/img_%d.jpg"
      file = String.format(file, i)
      val prediction = predict(file) //INDArray
      val batchedArr = Nd4j.expandDims(arr, 0) //INDArray
      sd.associateArrayWithVariable(batchedArr, sd.variables().get(0))
      val out = sd.execAndEndResult //INDArray
      Nd4j.squeeze(out, 0)
      ...
}
```

10.4 替代 DL4J 的 Scala 编程语言

DL4J 并不是 Scala 编程语言唯一的深度学习框架，有两种开源的替代方案。在本节中，将重点介绍它们，并与 DL4J 进行比较。

10.4.1 BigDL

BigDL(https://bigdl-project.github.io/0.6.0/)是由 Intel(https://www.intel.com)提供的一个开源、分布式的 Apache Spark 深度学习框架。它与 DL4J 相同，使用的是 Apache 2.0 许可。它已经在 Scala 中实现，并公开了 Scala 和 Python 的 API。它不支持 CUDA。虽然 DL4J 允许在独立模式（包括 Android 移动设备）和分布式模式（有或没有 Spark）下跨平台执行，但是 BigDL 被设计成只能在 Spark 集群中执行。可用的基准测试表明，假设它运行在基于 Intel 处理器的机器上，训练/运行这个框架比最主流的 Python 框架（如 TensorFlow 或 Caffe）更快，因为 BigDL 使用的是 Intel 数学内核库（Math Kernel Library，MKL，https://software.intel.com/en-us/mkl)，它为神经网络提供了高级 API，并提供了从 Keras、Caffe 或 Torch 导入 Python 模型的方法。

虽然它已经用 Scala 实现了，但在编写本章内容时，它只支持 Scala 2.10.x。

从这个框架的最新发展情况来看，Intel 似乎将提供更多的支持导入用其他框架实现的 Python 模型（同时也开始支持一些 TensorFlow 操作），并增强了 Python API，而不是 Scala API。

那么社区和贡献呢？BigDL 是由 Intel 支持和驱动的，Intel 特别关注该框架在其微处理器硬件上的表现。因此，这可能是在其他硬件生产环境中采用该框架的潜在风险。然而 DL4J 被 Skymind(https://skymind.ai/)支持，该公司的所有者是 Adam Gibson，他是这个框架的作者之一，从未来发展的角度来看，这个愿景并不局限于公司业务，目标是使这个框架在功能方面更加全面，并尝试进一步缩小 JVM 语言和 Python 语言在数值计算可用性和深度学习工具/特征方面的差距。另外，DL4J 的贡献者、提交和发布数量也在增加。

　　与 Scala BigDL API 相比，Scala（和 Java）的 DL4J API 更高级（某种程度上算是领域特定语言），它可以给第一次接触深度学习领域的 Scala 开发人员提供极大的帮助，因为它加速了熟悉框架的过程，程序员可以将更多的注意力放在模型训练和实现上。

　　如果你的计划是留在 JVM 的世界，我绝对相信 DL4J 是比 BigDL 更好的选择。

10.4.2　DeepLearning.scala

　　DeepLearning.scala（https://deeplearning.thoughtworks.school/）是 ThoughtWorks（https://www.thoughtworks.com/）中的一个深度学习框架。使用 Scala 实现，从一开始的目的就是从函数编程和面向对象范式中获取最大的收益。它支持 GPU 加速的 n 维数组。框架下的神经网络可以用数学公式建立，因此可以计算公式中权重的导数。

　　这个框架支持插件，因此可以编写自定义插件扩展它，这些插件可以与已有的插件集共存（目前有大量的插件，包括模型、算法、超参数和计算特性等）。

　　DeepLearning.scala 应用程序可以在 JVM 上独立运行，像 Jupyter Notebook（http://jupyter.org/）一样，或者像 Ammonite（http://ammonite.io/）中的脚本一样。

　　数值计算是通过 ND4J 执行的，与 DL4J 相同。它不支持 Python，也没有工具可以导入通过 Python 深度学习框架实现的模型。

　　这个框架与其他框架（如 DL4J 和 BigDL）的一大区别在于：神经网络的结构是在运行时动态确定的所有 Scala 语言特性（函数、表达式和控制流等）都可以实现。神经网络是 Scala 单子（Monads），所以它们可以通过组合更高阶的函数创建，但这并不是在 DeepLearning.scala 中唯一的选择；框架还提供了一个类型名为 Applicative 的类（通过 Scalaz 库，http://eed3si9n.com/learning-scalaz/Applicative.html），它允许并行地进行多种计算。

　　在编写本章内容时，这个框架还没有得到 Spark 或 Hadoop 的本地支持。

　　当不需要 Spark 分布式训练并且想只用 Scala 去实现一些东西时，DeepLearning.scala 是 DL4J 的一个很好的替代方案。就这种编程语言的 API 而言，它比 DL4J 更符合纯 Scala 编程的原则，因为 DL4J 针对的是所有在 JVM 上运行的语言（一开始是 Java，然后扩展到 Scala、Clojure 和其他语言，也包括 Android）。

　　这两个框架的最初目标也是不同的：DL4J 开始的目标是软件工程师，而 DeepLearning.scala 是一种更倾向数据科学家的方法。尚待验证的是它在生产中的稳定性和性能的水平，因为它比 DL4J 更年轻，在实际用例中采用它的人也更少。无法从 Python 框架导入现有模型可能也是一种限制，即使可能有非常适合当前用例的现有 Python 模型，也不得不从头开始构建和训练模型。就社区和发行版而言，目前它仍然不能与 DL4J 和 BigDL 相比（即使它有可能在不久的将来增长）。最后也同样重要的一点是，它的官方文档和示例有限，还没有 DL4J 的成熟和全面。

10.5　小结

在本章中，探讨了将 DL4J 转移到生产环境时需要考虑的一些概念。重点是理解了应该如何设置堆和堆内存管理，另外浏览了 GPU 的设置，观看了如何准备作业 JAR 并提交给 Spark 进行训练，还了解了如何将 Python 模型导入并集成到已有的 DL4J JVM 基础架构中。最后，比较了 DL4J 与另外两个 Scala 深度学习框架（BigDL 和 DeepLearning.scala），并从生产的角度详细说明了为什么 DL4J 是更好的选择。

在第 11 章中，将重点介绍 NLP 的主要概念，并完整详细地介绍一个使用 Spark 及其机器学习库（MLLib）的 Scala NLP 实现示例。在第 12 章之前，将介绍这种方法的潜在局限性，并使用 DL4J 和/或 Keras/Tensor Flow 给出一样的解决方案。

第 *11* 章

NLP 基础

在第 10 章中，讨论了在 Spark 集群中进行深度学习分布式训练的几个主题，在这里提出的概念对任何网络模型都是通用的。从本章开始，首先将研究 RNN 或 LSTM 的具体用例，然后再探讨 CNN。本章首先介绍 NLP 的核心概念：

● 分词器。

● 句子切分。

● 词性标注。

● 命名实体提取。

● 组块分析。

● 语法解析。

概念背后的原理会在示例前的列表部分进行详细介绍，最后有两个完整的 Scala NLP 的示例，一个使用 Spark 和斯坦福内核的 NLP 库，另一个使用的 Spark 内核和 Spark-nlp 库（建立在 Spark MLLib 基础上）。本章的目标是让读者先熟悉 NLP，然后再接触第 12 章的核心内容，通过 DL4J 和/或 Keras/TensorFlow 结合 Spark 实现基于深度学习（RNN）的实现。

11.1 NLP

NLP 是使用计算机科学和人工智能处理和分析自然语言数据，从而使机器能够像人类一样对其进行解释的技术。在 20 世纪 80 年代，当这个概念开始大肆宣传时，语言处理系统被设计于使用手动编码设定一组规则。后来，随着计算能力的提高，另一种主要基于统计模型的方法取代了原来的方法。再后来的机器学习（先有的监督学习，目前还包括了半监督或无监督）方法在该领域取得了进步，如语音识别软件和人类语言翻译，并且可能会应用于更复杂的场景，如自然语言的理解和生成。

这是 NLP 的工作方式。第一项任务是语音转文本的过程，目的是理解所接收到的自然语言。内置模型可以执行语音识别，从而完成从自然语言到编程语言的转换。它的实现方式是通过将语音分解成非常小的单元，然后将它们与之前输入过的语音单元进行比较，从而输出已经接收到的语音中可能性最高的词汇和句子。下一项任务是词性（part-of-speech，POS）标注[一些文献中也称为词类消歧（word-category disambiguation）]使用一组词汇规则将单词标识为其语法形式（名词、形容词和动词等）。在这两个阶段结束后，机器应该能够理解输入语音的意思了。自然语言处理的第三个可能的任务是文本到语音的转换：在最后，编程语言被转换成人类可以理解的文本或可听格式。这就是 NLP 的终极目标：构建一个能够分析、理解并以自然的方式生成人类语言的软件，让计算机像人类一样进行交流。

当给定一段文本将要实施 NLP 时，有三件事情需要考虑和理解。

- 语义信息：一个单词的具体含义。以单词 pole 为例，它可以有不同的含义（磁铁的一端、一根长棍等）。例如，在句子 "extreme right and extreme left are the two poles of the political system"（极右和极左是政治系统中的两个极端）中，若要正确理解 pole 的含义，定义与 pole 相关的各种含义就十分重要。读者可以很容易地推断出它是哪一个含义，但是机器的理解离不开机器学习或深度学习算法。
- 语法信息：短语的结构。思考下这一句话 "William joined the football team already with long international experience"（威廉加入了足球队，有很长的国际经验）。根据不同的阅读方式，它有不同的含义（有很长国际经验的可能是威廉或足球队）。
- 上下文信息：单词或短语所在的上下文。例如，想想形容词 "low"（低的）。在谈到便利性时，它总是积极的含义（例如，这个手机价格低）；但是当谈论到供应时，则几乎总是消极的含义（例如，饮用水供应量低）。

下面将介绍 NLP 监督学习的主要概念。

11.1.1 分词器

分词器的作用是在 NLP 机器学习算法中定义什么是一个单词。对于给定的文本，分词器的任务是将其切割成碎片，并称之为标志，同时还负责删除特定的字符（如标点或分隔符）。例如，在英语中有这样一个输入句子：

To be, or not to be, that is the question

分词器将会把它分成 11 个标志：

To be or or not to be that is the question

分词器的一大挑战是如何使用这些标志。在前面的示例中，很容易进行决策：减少了空格并删除了所有的标点字符。但是如果输入的文本不是英文的呢？对于其他一些语言，如中文没有空格，那么上述规则不起作用。因此，任何 NLP 的机器学习/深度学习模型训练都应该为一门语言考虑其特征规则。

但即使仅限于一种语言，也可能存在一些棘手的情况，例如英语。考虑一下这句：

David Anthony O'Leary is an Irish football manager and former player

如何处理单引号？在这里分词器对于 O'Leary 可以有五种处理结果：

- leary
- oleary
- o'leary
- o'leary
- o leary

但是哪一种是希望得到的结果呢？很快想到了一个简单策略，就是把句子中所有的非字母数字的字符分开。因此，获得 o 和 leary 标记是可以接受的，因为使用这些标记进行布尔查询搜索将匹配五种情况中的三种。但是下面这句呢：

Michael O'Leary has slammed striking cabin crew at Aer Lingus saying "they aren't being treated like Siberian salt miners".

对于 aren't，分词器有四种可能的结果，如下所示：

- aren't
- arent
- are n't
- aren t

参考之前的规则，将 o 和 leary 的分开是不错的办法，那么将 aren 和 t 的分开呢？后边这个看起来不太好，使用这些标记的布尔查询搜索将匹配四种情况中的两种。

对于分词器的挑战和问题是根据特定语言而不同的。在这种情况下，需要对输入文档的语言有深入的了解。

11.1.2　句子切分

　　句子切分就是把一篇文章分解成句子的过程。从它的定义来看,这似乎是一个简单的过程,但它也会出现一些困难情况。例如,标点符号的使用可以用来表示不同的事情:

```
Streamsets Inc. has released the new Data Collector 3.5.0. One of the
new features is the MongoDB lookup processor.
```

　　看看上面的文章,可以看到相同的标点符号(.)被用于三种不同的情况,而不仅仅是作为句子分隔符。一些语言带有明确的句子结束标记,如汉语,而另一些语言则没有。因此,需要制定一个策略。对于这个示例中的情况,找出句子结尾的最快、最直接的方法是:

- 如果它是一个句号,那么它就结束了这个句子。
- 如果在手动预设的缩写列表中存在句号前面的标志,则此句号不会结束句子。
- 如果句号后的下一个标志是大写的,则句号结束句子。

　　如此一来可以得到 90% 以上正确率的句子,还可以做一些智能化的事情,例如基于规则边界的消歧技术(自动从输入已经标记了断句的文档中学习一套规则),或者更好的办法是使用神经网络(这可以达到超过 98% 的精确度)。

11.1.3　词性标注

　　词性标注在(NLP)中是指根据词的定义和上下文,在文本中按照特定的词性标注词的过程。词性有九个主要分类:名词、动词、形容词、冠词、代词、副词、连词、介词和感叹词,每个词性又可以再划分为子类。这个过程比分词和句子切分更加复杂。词性标签不能是通用的,因为根据上下文,同一个单词即使在同一文本的句子中也可能有不同的词性标签,例如:

```
Please lock the door and don't forget the key in the lock.
```

　　这里,lock 这个单词在同一个句子中被使用了两次,且有两个不同的意思(分别作为动词和名词)。语言之间的差异也应该被考虑。这是一个不能人工处理的过程,但它应该是基于机器可以理解的。所使用的算法可以是基于规则的或随机的。基于规则的算法,使用上下文的信息给未知的(至少是有歧义的)单词分配标签。消歧是通过分析一个单词的不同语言特征实现的,例如前面和后面的单词。基于规则的模型先从一组规则和数据开始进行训练,并尝试推断 POS 标记的执行指令。随机标记涉及不同的方法,基本上,任何包含概率或频率的模型都可以这样标记。一个简单的随机标记器可以只基于单词与特定标签一起出现的概率消除这个单词的歧义。当然,更复杂的随机标记器效率也更高。其中最主流的方法之一是隐马尔可夫模型(https://en.wikipedia.org/wiki/Hidden_Markov_model),这是一种统计模型,在该模型中要建模的系统被假定为具有隐藏参数的马尔可夫过程(https://en.wikipedia.org/wiki/Markov_chain)。

11.1.4　实体命名提取

实体命名提取（Named Entity Extraction，NER）是 NLP 的子任务，其目的是将文本中已命名的实体定位和分类到预定义的类别。举个例子，我们看以下句子：

```
Guglielmo is writing a book for Packt Publishing in 2018.
```

对其进行 NER 处理后将产生以下带注释的文本：

```
[Guglielmo]Person is writing a book for [Packt Publishing]Organization in [2018]Time.
```

检测到三个实体，一个是人 Guglielmo，一个双标志位的组织 Packt Publishing 和一个时间表达式 2018。

通常来看，NER 早已应用于处理结构化文本，目前非结构化文本的用例数量也有所增加。

此过程实现自动化的挑战是区分大小写（较早的算法通常无法识别 Guglielmo Iozzia 和 GUGLIELMO IOZZIA）、不同标点符号的用法以及缺少分隔符。NER 系统的实现使用基于语言语法的技术或统计模型和机器学习。基于语法的系统可以提供更好的精度，但是需要专业的语言学家几个月高昂的工作成本，而且召回率很低。基于机器学习的系统具有较高的召回率，但需要大量的人工注释数据进行训练。无监督方法目前正在逐步实现，从而大大减少了数据注释的工作量。监督方法正在逐步实现，以大大减少数据注释的工作量。

这个过程的另一个挑战是上下文域，多项研究表明，针对一个域开发的 NER 系统（在该域可表现出高性能）通常在其他域中表现不佳。例如，已经在 Twitter 内容中训练过的 NER 系统，无法期望它在医疗记录方面达到相同的性能和准确率。这在基于规则的统计和机器学习系统中也适用，在新的领域中调整 NER 系统时，需要付出相当大的努力才可以使它达到与之前领域相同的性能水平。

11.1.5　组块分析

NLP 中的组块分析是指从文本中提取短语的过程。使用它是因为单纯的标记可能无法代表所检测文本的内在含义。例如，思考下短语 Great Britain，尽管两个单词各自都有意义，但更建议将英国作为一个词使用。组块分析工作运行在 POS 标记上；通常 POS 标签是输入，而组块是标签的输出。此过程非常类似于人脑的方式，将信息分块到一起以使其更易于处理和理解。思考一下记忆事情的方式，如数字序列（如借记卡密码，电话号码等）；不会倾向于将它们以单独的数字记忆，而是尝试先将它们分组，这样会使它们更容易记住。

组块分析可以分为向上或向下归类。向上归类更倾向于抽象的信息；而向下归类则倾向于寻找更具体的详细信息。举个例子，考虑以下情景：例如，在与售票和发行公司的通话中，售票员问"您想购买哪种票？"的问题，客户的答案是"演唱会门票"，这是向上归类，因为它趋向于高层次的抽象水平；然后售票员为了获取更多细节和满足客户需求而问更多的问题，如

"哪一类""哪个艺术家或团队""什么日期和地点""多少个人""哪个扇区"等，这就是向下归类。最后，可以将组块分析看作一个多层结构的集合。对于给定的上下文，总会有一个更高级别的集合，该集合具有子集，并且每个子集可以具有其他子集。例如，将编程语言视为更高级别的子集；然后，可以拥有以下内容：

- 编程语言。
- Scala（编程语言的子集）。
- Scala 2.11（Scala 的子集）。
- Trait（Scala 的一个特定概念）。
- Iterator（一个核心的尺度特征）。

11.1.6 语法解析

NLP 中的语法解析是确定文本的句法结构的过程。它通过分析文本的构成词来工作，并以其自身文本所使用的特定语言的底层语法为基础。语法解析的输出是由输入文本的各句子部分组成的解析树。语法解析树是一个有序的、有根的树，它表示句法结构是根据句子的一些与上下文无关的文法（是一组规则，以给定的形式语言描述所有可能的字符串）。举个例子。考虑英语和以下示例语法：

```
sentence -> noun-phrase, verb-phrase
noun-phrase -> proper-noun
noun-phrase -> determiner, noun
verb-phrase -> verb, noun-phrase
```

思考下对 Guglielmo wrote a book 的语法解析，并对其应用语法解析进程。输出的解析树应该如图 11-1 所示。

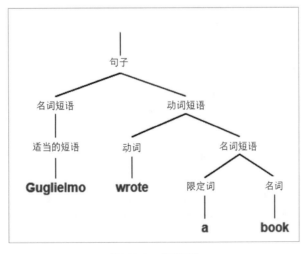

图 11-1　解析树

目前基于机器的自动化语法解析的方法是统计、概率或机器学习。

11.2　使用 Spark 实践 NLP

在本节中，将详细介绍使用 Spark 实现 NLP（以及前面几节所述的核心概念）的一些示例。这些示例不包括 DL4J 或其他深度学习框架，因为带有多层神经网络的 NLP 将是第 12 章的主题。

虽然 Spark 的核心组件之一 MLLib 是一个机器学习库，但它不为 NLP 提供任何功能。因此，需要在 Spark 上使用其他 NLP 库或框架。

11.2.1　使用 Spark 和 Stanford core NLP 实践 NLP

本章的第一个示例涉及 Stanford core NLP（https://github.com/stanfordnlp/CoreNLP）库的 Scala Spark 封装器，该库是开源的，并随 GNU 通用的公共许可 v3 版本（https://www.gnu.org/licenses/gpl-3.0.en.html）一起发布。它是一个 Java 库，提供了一组自然语言分析工具。它的基础发行版提供了用于分析英语的模型文件，但是该引擎也与其他语言的模型兼容。它稳定且可以投入生产，并且已经广泛应用于学术和工业的不同领域。Spark CoreNLP（https://github.com/databricks/spark-corenlp）是用于 Spark 的 Stanford Core NLP Java 库的封装，它已经在 Scala 中实现了。Stanford Core NLP 注释器已封装为 Spark DataFrames。

spark-corenlp 库的当前版本包含一个单独的 Scala 类函数，该函数提供了所有高级包装器方法，如下所示。

- cleanXml：将一个 XML 文档作为输入，并删除所有 XML 标签。
- tokenize：将输入句子标记为单词。
- ssplit：将其输入文档拆分为句子。
- pos：生成输入语句的 POS 标签。
- lemma：生成其输入句子的词引理。
- ner：生成其输入句子的命名实体标签。
- depparse：生成其输入句子的语义依赖。
- coref：生成其输入文档的 coref 链。
- natlog：为其输入句子中的每个标志生成极性的自然逻辑概念。可能的返回值是 up、down 或 flat。
- openie：生成开放式 IE 三元组的列表，作为平坦的四元组。
- sentiment：测量其输入句子的情绪，如从 0（强烈消极）到 4（强烈积极）。

首先要做的是设置此示例的依赖关系。它依赖于 Spark SQL 和 Stanford core NLP 3.8.0（需要通过 Models 分类器明确指定导入的模型），如下所示：

```
groupId: edu.stanford.nlp
artifactId: stanford-corenlp
version: 3.8.0

groupId: edu.stanford.nlp
artifactId: stanford-corenlp
version: 3.8.0
classifier: models
```

当你需要使用一种语言时，如西班牙语，可以只选择特定语言的分类器并导入该语言的模型，如下所示：

```
groupId: edu.stanford.nlp
artifactId: stanford-corenlp
version: 3.8.0
classifier: models-spanish
```

Maven Central 上没有可用于 spark-corenlp 的库。因此，必须从 GitHub 源代码开始构建其 JAR 文件，然后将其添加到 NLP 应用程序的类路径中。或者如果你的应用程序依赖于构件库，在其中存储 JAR 文件，然后以与 Maven central 中其他可用依赖项一样的方式添加依赖项到项目的构建文件中，如 JFrog Artifactory（https://jfrog.com/artifactory/）、Apache Archiva（https://archiva.apache.org/index.cgi）或 Sonatype Nexus OSS（https://www.Sona-type.com/nexus-repository-oss）。

之前提到过，spark-corenlp 将 Stanford core NLP 注释器封装为 DataFrames。因此，在源代码中要做的第一件事是创建一个 SparkSession，如下所示：

```
val sparkSession = SparkSession
    .builder()
    .appName("spark-corenlp example")
    .master(master)
    .getOrCreate()
```

现在为输入的文本内容（XML 格式）创建一个 Sequence（https://www.scala-lang.org/api/current/scala/collection/Seq.html），然后将其转换为一个 DataFrame，如下所示：

```
import sparkSession.implicits._
    val input = Seq(
        (1, "<xml>Packt is a publishing company based in Birmingham and Mumbai.
It is a great publisher.</xml>")
    ).toDF("id", "text")
```

鉴于这种输入，可以根据可用的 functions 方法进行不同的 NLP 操作，如清除 input DataFrame 的 text 字段中包含的输入 XML 的标签、把每个句子分解为单个词、为每个句子生成命名实体标签和测量每个句子的情绪，例如：

```
val output = input
        .select(cleanXml('text).as('doc))
        .select(explode(ssplit('doc)).as('sen))
        .select('sen, tokenize('sen).as('words), ner('sen).as('nerTags),
sentiment('sen).as('sentiment))
```

最后，输出这些操作的结果（output 本身是一个 DataFrame），如下所示：

```
output.show(truncate = false)
```

最后，需要停止并销毁 SparkSession，如下所示：

```
sparkSession.stop()
```

执行此示例，结果如图 11-2 所示。

```
18/10/06 14:29:48 INFO DAGScheduler: Job 0 finished: show at SparkCoreNlpExample.scala:27, took 9.569711 s
+---------------------------------------------------------+-----------------------------------------------------------+-------------------------------------------------------------+---------+
|sen                                                      |words                                                      |nerTags                                                      |sentiment|
+---------------------------------------------------------+-----------------------------------------------------------+-------------------------------------------------------------+---------+
|Packt is a publishing company based in Birmingham and Mumbai|[Packt, is, a, publishing, company, based, in, Birmingham, and, Mumbai, .]|[O, O, O, O, O, O, O, LOCATION, O, LOCATION, O]|3        |
|It is a great publisher .                                |[It, is, a, great, publisher, .]                           |[O, O, O, O, O, O]                                           |3        |
+---------------------------------------------------------+-----------------------------------------------------------+-------------------------------------------------------------+---------+
```

图 11-2　示例输出 1

已经从标记中清除了 XML 内容，也按照预期将句子拆分为单个单词，并且对于某些单词 [伯明翰（Birmingham）、孟买（Mumbai）]生成了一个命名实体标记（LOCATION）。而且，两个输入句子的语气都是积极的。这种方法是从 Scala 和 Spark 开始学习使用 NLP 的推荐方式。这个库提供的 API 简单而高级，让人们有时间快速吸收核心的 NLP 概念，同时可以利用 Spark DataFrame 功能。但它也有缺点：当需要实现更复杂和自定义的 NLP 解决方案时，可用的 API 过于简单而无法解决它们。此外，如果最终的系统不只是供内部使用，公司计划向客户销售和分发解决方案，则可能出现许可问题。Stanford core NLP 库和 spark-corenlp 模型依赖于完整的 GNU GPL v3 许可并在其下发布，该许可禁止将其作为私有软件的一部分重新发布。下一节将介绍一个更加可行的 Scala 和 Spark 替代方案。

11.2.2　使用 Spark NLP 实践 NLP

为了实现 NLP，另一个集成了 Spark 的替代库是由 John Snow labs（https://www.johnsnowlabs.com/）开发的 spark-nlp（https://nlp.johnsnowlabs.com/）。它在 Apache License 2.0 下发布并且是开源的，所以与 spark-corenlp 不同，它的许可模式使它可以作为商业解决方案的一部分重新发布。它已经在 Spark 机器学习模块上使用 Scala 实现了，并且可以在 Maven central 中获得。它为机器学习管道（pipelines）提供了易于理解和使用的 NLP 注释器，具有良好的性能，并且在分布式环境中易于扩展。

在本小节中参考的版本是 1.6.3（它是本书撰写时的最新版本）。

spark-nlp 的核心概念是 Spark 机器学习管道（https://spark.apache.org/docs/2.2.1/api/java/org/apache/spark/ml/Pipeline.html）。管道由一系列的阶段组成，

每个阶段都可以是一个转换器（https://spark.apache.org/docs/2.2.1/api/java/org/apache/spark/ml/Transformer.html）或是一个估计器（https://spark.apache.org/docs/2.2.1/api/ java/org/apache/spark/ml/Estimator.html）。转换器将一个输入数据集转换成另一个输入数据集，而估计器将一个模型与数据相匹配。当调用一个与管道所匹配的方法时，将依次执行其各阶段。有三种预先训练过的管道：基本、高级和情感。这个库还提供了一些预先训练过的模型给 NLP 和一些注释器。但是为了阐明 spark-nlp 主要概念的细节，先从一个简单的例子开始。让我们尝试为基于机器学习的命名实体标签提取实现一个基本的管道。下面的示例依赖于 Spark SQL 和 MLLib 组件以及 spark-nlp 库。

```
groupId: com.johnsnowlabs.nlp
    artifactId: spark-nlp_2.11
    version: 1.6.3
```

需要在执行任何事情之前先开启一个 SparkSession，如下所示：

```
val sparkSession: SparkSession = SparkSession
        .builder()
        .appName("Ner DL Pipeline")
        .master("local[*]")
        .getOrCreate()
```

在创建管道前，需要先实现它的每个单独的阶段。第一个阶段是 com.johnsnowlabs.nlp.DocumentAssembler，其指定应用程序输入的列和输出的列名（它将是下一个阶段的输入列），如下所示：

```
val document = new DocumentAssembler()
        .setInputCol("text")
        .setOutputCol("document")
```

下一个阶段是 Tokenizer（com.johnsnowlabs.nlp.annotators.Tokenizer），如下所示：

```
val token = new Tokenizer()
        .setInputCols("document")
        .setOutputCol("token")
```

在这个阶段之后，任何输入的句子都应该被拆分为单个单词。我们需要清理干净这些标志，所以下个阶段是 Normalizer（com.johnsnowlabs.nlp.annotators.Normalizer），如下所示：

```
val normalizer = new Normalizer()
        .setInputCols("token")
        .setOutputCol("normal")
```

现在可以使用 spark-nlp 库中一个预先训练好的模型生成命名实体标签，如下所示：

```
val ner = NerDLModel.pretrained()
        .setInputCols("normal", "document")
```

```
        .setOutputCol("ner")
```

这里使用 NerDLModel 类（com.johnsnowlabs.nlp.annotators.ner.dl. NerDLModel），它是在幕后先使用 TensorFlow 预训练的模型。该模型生成的命名实体标签是 IOB 格式的（https://en.wikipedia.org/wiki/Inside%E2%80%93outside%E2%80%93beginning_(tagging)），因此需要使它们具有让我们更易懂的格式。可以使用 NerConverter 类（com.johnsnowlabs.nlp.annotators.ner.NerConverter）实现这一点，如下所示：

```
val nerConverter = new NerConverter()
        .setInputCols("document", "normal", "ner")
        .setOutputCol("ner_converter")
```

最后一个阶段是完成管道的输出，如下所示：

```
val finisher = new Finisher()
        .setInputCols("ner", "ner_converter")
        .setIncludeMetadata(true)
        .setOutputAsArray(false)
        .setCleanAnnotations(false)
        .setAnnotationSplitSymbol("@")
        .setValueSplitSymbol("#")
```

对此，我们使用 Finisher 转换器（com.johnsnowlabs.nlp.Finisher）。

现在我们可以使用到目前为止所创建的各阶段建立管道，如下所示：

```
val pipeline = new Pipeline().setStages(Array(document, token, normalizer,
ner, nerConverter, finisher))
```

你可能已经注意到，每个阶段的输出列都是下一个阶段的输入列。这是因为管道的阶段按照 setStages 方法的输入数组中列出的顺序执行的。

现在为应用程序添加一些代码，如下所示：

```
val testing = Seq(
        (1, "Packt is a famous publishing company"),
        (2, "Guglielmo is an author")
    ).toDS.toDF( "_id", "text")
```

与上一节中的 spark-corenlp 示例相同，我们创建了一个 Sequence 的输入文本内容，然后将其转换为 Spark DataFrame。

通过调用 pipeline 的 fit 方法，可以执行其所有阶段，如下所示：

```
val result =
pipeline.fit(Seq.empty[String].toDS.toDF("text")).transform(testing)
```

而且得到了 DataFrame 的输出结果，如下所示：

```
result.select("ner", "ner_converter").show(truncate=false)
```

结果如图 11-3 所示。

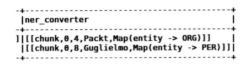

图 11-3　示例输出 2

仔细观察，可以看到它的显示如图 11-4 所示。

```
+-----------------------------------------------+
|ner_converter                                  |
+-----------------------------------------------+
]|[[chunk,0,4,Packt,Map(entity -> ORG)]]        |
 |[[chunk,0,8,Guglielmo,Map(entity -> PER)]]|
+-----------------------------------------------+
```

图 11-4　示例输出 3

已为单词 Packt 生成了一个 ORGANIZATION 命名实体标签，且为单词 Guglielmo 生成了一个 PERSON 命名实体标签。

spark-nlp 还提供了一个 com.johnsnowlabs.util.Benchmark 类，以进行管道执行的基准测试，例如：

```
Benchmark.time("Time to convert and show") {result.select("ner",
"ner_converter").show(truncate=false)}
```

最后，在管道执行结束时停止 SparkSession，如下所示：

```
sparkSession.stop
```

现在做一些更复杂的事情。第二个示例中的管道使用了 n 元语法（https://en.wikipedia.org/wiki/N-gram）进行标记，得到给定文本或语音中的 n 个标记（通常是单词）的序列。此示例的依赖项与本节中介绍的上一个示例相同：Spark SQL、Spark MLLib 和 spark-nlp。

创建一个 SparkSession 并配置一些 Spark 属性，如下所示：

```
val sparkSession: SparkSession = SparkSession
    .builder()
    .appName("Tokenize with n-gram example")
    .master("local[*]")
    .config("spark.driver.memory", "1G")
    .config("spark.kryoserializer.buffer.max","200M")
    .config("spark.serializer","org.apache.spark.serializer.KryoSerializer")
    .getOrCreate()
```

管道的前三个阶段与前面的示例相同，如下所示：

```
val document = new DocumentAssembler()
    .setInputCol("text")
    .setOutputCol("document")
```

```
val token = new Tokenizer()
    .setInputCols("document")
    .setOutputCol("token")
val normalizer = new Normalizer()
    .setInputCols("token")
    .setOutputCol("normal")
```

在使用 n 元语法阶段前放置一个 finisher 阶段，如下所示：

```
val finisher = new Finisher()
    .setInputCols("normal")
```

此 n 元语法阶段使用 Spark MLLib 的 NGram 类（https://spark.apache.org/docs/2.2.1/api/scala/index.html#org.apache.spark.ml.feature.NGram），如下所示：

```
val ngram = new NGram()
    .setN(3)
    .setInputCol("finished_normal")
    .setOutputCol("3-gram")
```

NGram 是一个特征转换器，它将一个字符串型的输入数组转换成一个 n 元语法的数组。本例中 n 的值设置为 3。接下来需要一个 DocumentAssembler 阶段处理 n 元语法的输出结果，如下所示：

```
val gramAssembler = new DocumentAssembler()
    .setInputCol("3-gram")
    .setOutputCol("3-grams")
```

通过以下方式实现管道：

```
val pipeline = new Pipeline().setStages(Array(document, token, normalizer,
finisher, ngram, gramAssembler))
```

现在给这个应用程序输入与前一个示例相同的输入句子：

```
import sparkSession.implicits._
val testing = Seq(
    (1, "Packt is a famous publishing company"),
    (2, "Guglielmo is an author")
).toDS.toDF( "_id", "text")
```

并执行管道的各个阶段，如下所示：

```
val result =
pipeline.fit(Seq.empty[String].toDS.toDF("text")).transform(testing)
```

将结果输出到屏幕：

```
result.show(truncate=false)
```

将得到如图 11-5 所示的输出。

```
AILABLE,@Spark}
  |3-gram                                                               |3-grams
y|[Packt is a, is a famous, a famous publishing, famous publishing company]|[[document,0,9,Packt is a,Map()], [document,0,10,is a famous,Map()], [document,0,18,a famous publishing,Map()], [document,0,24,famous publis
  |[Guglielmo is an, is an author]                                        |[[document,0,14,Guglielmo is an,Map()], [document,0,11,is an author,Map()]]
```

图 11-5　示例输出 4

最后停止 SparkSession，如下所示：

```
sparkSession.stop
```

最后一个示例是使用 Vivek Narayanan（https://github.com/vivekn）模型进行机器学习情感分析。情感分析是自然语言处理的一种实际应用，是通过计算机对文本所表达的观点进行识别和分类，以确定作者/演讲人对产品或话题的态度是积极的、消极的还是中性的。对于这个示例，将专门在电影评论上进行训练和验证模型。本示例的依赖项是常见的依赖项——Spark SQL、Spark MLLib 和 spark-nlp。

照例，先创建一个 SparkSession（同时配置一些 Spark 属性），如下所示：

```
val spark: SparkSession = SparkSession
      .builder
      .appName("Train Vivek N Sentiment Analysis")
      .master("local[*]")
      .config("spark.driver.memory", "2G")
      .config("spark.kryoserializer.buffer.max","200M")
    .config("spark.serializer","org.apache.spark.serializer.KryoSerializer")
    .getOrCreate
```

接下来需要两个数据集，一个用于训练，另一个用于测试。为简单起见，将训练数据集定义为一个 Sequence，然后将其转换为一个 DataFrame，其中的列是评论文本和对应的情绪，如下所示：

```
import spark.implicits._
  val training = Seq(
    ("I really liked it!", "positive"),
    ("The cast is horrible", "negative"),
    ("Never going to watch this again or recommend it", "negative"),
    ("It's a waste of time", "negative"),
    ("I loved the main character", "positive"),
    ("The soundtrack was really good", "positive")
  ).toDS.toDF("train_text", "train_sentiment")
```

当测试数据集可能是一个简单数组时：

```
val testing = Array(
  "I don't recommend this movie, it's horrible",
  "Dont waste your time!!!"
```

```
    )
```

现在可以为管道定义阶段了。前三个阶段与前面的管道示例（DocumentAssembler、Tokenizer 和 Normalizer）完全相同，如下所示：

```
val document = new DocumentAssembler()
    .setInputCol("train_text")
    .setOutputCol("document")

val token = new Tokenizer()
    .setInputCols("document")
    .setOutputCol("token")

val normalizer = new Normalizer()
    .setInputCols("token")
    .setOutputCol("normal")
```

现在可以使用 com.johnsnowlabs.nlp.annotators.sda.vivekn.ViveknSentimentApproach 注释器，如下所示：

```
val vivekn = new ViveknSentimentApproach()
    .setInputCols("document", "normal")
    .setOutputCol("result_sentiment")
    .setSentimentCol("train_sentiment")
```

使用一个 Finisher 转换器作为最后阶段：

```
val finisher = new Finisher()
    .setInputCols("result_sentiment")
    .setOutputCols("final_sentiment")
```

使用前面定义的各阶段建立管道：

```
val pipeline = new Pipeline().setStages(Array(document, token, normalizer,
    vivekn, finisher))
```

接下来开始训练，如下所示：

```
val sparkPipeline = pipeline.fit(training)
```

当训练完成，就可以使用以下测试数据集对其进行测试：

```
val testingDS = testing.toSeq.toDS.toDF("testing_text")
    println("Updating DocumentAssembler input column")
    document.setInputCol("testing_text")
    sparkPipeline.transform(testingDS).show()
```

将会得到如图 11-6 所示的输出结果。

```
Updating DocumentAssembler input column
+-------------------+---------------+
|       testing_text|final_sentiment|
+-------------------+---------------+
|I don't recommend...|     [negative]|
|Dont waste your t...|     [negative]|
+-------------------+---------------+
```

图 11-6　示例输出 5

测试数据集的两个句子被正确地标记为消极（negative）。

当然，也可以通过 spark-nlp Benchmark 类做一个情绪分析基准，如下所示：

```
Benchmark.time("Spark pipeline benchmark") {
    val testingDS = testing.toSeq.toDS.toDF("testing_text")
    println("Updating DocumentAssembler input column")
    document.setInputCol("testing_text")
    sparkPipeline.transform(testingDS).show()
}
```

在本节的最后，可以说 spark-nlp 比 spark-corenlp 提供了更多的特性，且与 Spark MLLib 集成得很好，而且由于它的许可模式，在使用和集成它的应用程序/系统的发布方面不会出现相同的版权问题。它是一个稳定的库，可以在 Spark 环境中投入生产。不幸的是，它的大部分文档都遗失了，现有的文档很少且没有得到很好的维护，尽管项目开发目前处于活跃的状态。

为了理解单个特性是如何工作的，以及如何将它们组合在一起，你不得不查看 GitHub 中的源代码。该库还通过 Python 框架实现了现有的机器学习模型，并提供了一个 Scala 类表示这些模型，其向开发人员隐藏了底层模型的实现细节。它可以在一些用例的场景中工作，但为了构建更抗差和高效的模型，可能必须实施部署自己的神经网络模型。只有 DL4J 才会给你在 Scala 的开发和培训中提供这种级别的自由度。

11.3　小结

在本章中，熟悉了 NLP 的主要概念，并开始上手使用了 Spark，探索了两个实用的有潜力的库：spark-corenlp 和 spark-nlp。

在第 12 章中，将关注如何通过深度学习（主要基于 RNN）在 Spark 中实现复杂的 NLP 场景，从而得到与本章相同或更好的结果。我们将使用 DL4J、TensorFlow、Keras、TensorFlow 后端和 DL4J + Keras 模型导入探索不同的实现。

第 *12* 章

文本分析和深度学习

在第 11 章中，熟悉了 NLP 的核心概念，然后通过 Spark 的 Scala 实现了一些示例，并了解了该框架的两个开源库，还了解了这些解决方案的利弊。本章将介绍使用深度学习（Scala 和 Spark）实现的 NLP 用例。

本章主要包含以下内容：

- DL4J。
- TensorFlow。
- Keras 和 TensorFlow 后端。
- DL4J 和 Keras 模型导入。

本章按顺序涵盖了每种深度学习方法有关事项的优缺点，这样一来读者就应该可以了解如何在特定的情况下，选择最好的一种框架。

12.1　使用 DL4J 实践 NLP

　　将要研究的第一个示例是针对电影评论的情感分析，与第 11 章中展示的最后一个示例（使用 Spark NLP 实践 NLP 章节）相似。不同的是，这里将 Word2Vec（`https://en.wikipedia.org/wiki/Word2vec`）和 RNN 模型结合起来使用。

　　Word2Vec 可以被看作是只有两层的神经网络，期望对它输入一些文本内容然后得到返回向量。它虽然算不上深度神经网络，但可以用它将文本转换成深度神经网络可以理解的数字化格式。Word2Vec 是非常有用的，因为它可以将相似的单词向量聚合在一个向量空间中。它用数学的方法进行这个过程。它在无须人为干预的情况下，创造了单词特征的分布式数字表示，表示单词的向量被称为神经词嵌入（Neural Word Embeddings）。Word2Vec 在输入文本中训练彼此相邻的单词，它所使用的方法是通过已知的上下文预测目标单词（Continuous Bag of Words，CBOW）或根据已知单词预测其上下文（skip-gram）。经证明，第二个方法在处理大数据集时可以产生更准确的输出。如果分配给单词的特征向量不能准确地预测其上下文，则向量分量将会进行调整。输入文本中的每个单词的上下文通过返回错误信息成为导师。通过这种方式，根据上下文被估算出向量相似的词被转移到彼此更近的地方。

　　这里用于训练和测试的数据集是 IMDB 影评数据集，可以从 `http://ai.stanford.edu/~amaas/data/sentiment/` 上免费下载获取。它包含 25000 条非常受欢迎的电影评论以供训练，和另外 25000 条数据用于测试。

　　本示例的依赖项包括 DL4J NN、DL4J NLP 和 ND4J。

　　像之前一样，使用 DL4J 的 NeuralNetConfiguration.Builder 类设置 RNN 配置，如下所示：

```
val conf: MultiLayerConfiguration = new NeuralNetConfiguration.Builder
    .updater(Updater.ADAM)
    .l2(1e-5)
    .weightInit(WeightInit.XAVIER)
.gradientNormalization(GradientNormalization.ClipElementWiseAbsoluteValue)
    .gradientNormalizationThreshold(1.0)
    .list
    .layer(0, new GravesLSTM.Builder().nIn(vectorSize).nOut(256)
      .activation(Activation.TANH)
      .build)
    .layer(1, new RnnOutputLayer.Builder().activation(Activation.SOFTMAX)
.lossFunction(LossFunctions.LossFunction.MCXENT).nIn(256).nOut(2).build)
    .pretrain(false).backprop(true).build
```

　　这个网络由 Graves LSTM RNN（更多详情参见第 6 章）加上 DL4J 组成，由 RnnOutputLayer 作为特定的输出层。这个输出层的激活函数是 SoftMax。现在可以使用前面的配置集构建网络，如下所示：

```
val net = new MultiLayerNetwork(conf)
    net.init()
    net.setListeners(new ScoreIterationListener(1))
```

在开始正式训练前，需要准备好训练集，以使其可以随时使用。为此，将使用数据集迭代器 Alex Black，可以在大多数 DL4J 的 GitHub 示例中找到它(https://github.com/deeplearning4j/dl4j-examples/blob/master/dl4j-examples/src/main/java/org/deeplearning4j/examples/recurrent/word2vecsentiment/SentimentExampleIterator.java)。它是以 Java 编写的，所以已经被改编为 Scala 并添加到了本书的源代码示例中。它实现了 DataSetIterator 接口（https://static.javadoc.io/org.nd4j/nd4j-api/1.0.0-alpha/org/nd4j/linalg/dataset/api/iterator/DataSetIterator.html），并且它专门用于 IMDB 影评数据集。它应该被输入一个原始 IMDB 影评数据集（可以是训练数据集也可以是测试数据集）再加上一个 wordVectors 对象，然后为训练或测试目的生成准备使用的数据集。这个特定的实现使用谷歌 News 300 预训练的向量作为 wordVectors 对象；它可以从 https://github.com/mmihaltz/word2vec-GoogleNews-vectors/上的 GitHub repo 库中免费下载。需要先把它解压才可以使用。提取出来后，模型可以通过 WordVectorSerializer 类（https://static.javadoc.io/org.deeplearning4j/deeplearning4j-nlp/1.0.0-alpha/org/deeplearning4j/models/embeddings/loader/WordVectorSerializer.html）的 loadStaticModel 进行加载，如下所示：

```
val WORD_VECTORS_PATH: String =
getClass().getClassLoader.getResource("GoogleNews-vectors-
negative300.bin").getPath
    val wordVectors = WordVectorSerializer.loadStaticModel(new
File(WORD_VECTORS_PATH))
```

现在可以通过自定义数据集迭代器 SentimentExampleIterator 准备训练和测试数据：

```
val DATA_PATH: String =
getClass.getClassLoader.getResource("aclImdb").getPath
    val train = new SentimentExampleIterator(DATA_PATH, wordVectors,
batchSize, truncateReviewsToLength, true)
    val test = new SentimentExampleIterator(DATA_PATH, wordVectors, batchSize,
truncateReviewsToLength, false)
```

然后可以参考第 6 章、第 7 章和第 8 章中所描述的，在 DL4J 和 Spark 中进行测试和评估。请注意在此处使用的 Google 模型是非常大的（约 3.5GB），所以在本示例中训练模型时要考虑所需的资源消耗（尤其是内存）。

第一个示例代码使用了 DL4J 主模型的通用 API，这些 API 通常用于不同使用场景的不同 MNN 中。在其中还使用了 Word2Vec。无论如何，DL4J 的 API 特别为 NLP 的构建提供了一些基础工具，它们基于 ClearTK（https://cleartk.github.io/cleartk/），是机器学习的一个开源框架，还提供了针对 Apache UIMA（http://uima.apache.org/）的 NLP。在本节将要介绍的第二个示例中，我们将使用到这些工具。

第二个示例所需的依赖项是 DataVec、DL4J NLP 和 ND4J。下面的两个库 Maven 或 Gradle，它们将恰当地作为转换依赖项而被加载。需要在项目依赖项之间明确声明，在运行时跳过 NoClassDefFoundError：

```
groupId: com.google.guava
    artifactId: guava
    version: 19.0
groupId: org.apache.commons
    artifactId: commons-math3
    version: 3.4
```

这个示例使用了一个包含约 100000 个常规句子的文件作为输入。需要将它加载到我们的应用中，如下所示：

```
val filePath: String = new
ClassPathResource("rawSentences.txt").getFile.getAbsolutePath
```

DL4J NLP 库为其提供了 SentenceIterator 接口（https://static.javadoc.io/org.deeplearning4j/deeplearning4j-nlp/1.0.0-alpha/org/deeplearning4j/text/sentenceiterator/SentenceIterator.html）和几个实现方法。在此示例中，将使用 BasicLineIterator（https://static.javadoc.io/org.deeplearning4j/deeplearning4j-nlp/1.0.0-alpha/org/deeplearning4j/text/sentenceiterator/BasicLineIterator.html）方法删除掉输入文本中每个句子开头和结尾的空格，如下所示：

```
val iter: SentenceIterator = new BasicLineIterator(filePath)
```

现在需要进行标记化，以便将输入的文本划分为单个单词。因此，使用 DefaultTokenizerFactory 实现（https://static.javadoc.io/org.deeplearning4j/deeplearning4j-nlp/1.0.0-alpha/org/deeplearning4j/text/tokenization/tokenizerfactory/DefaultTokenizerFactory.html），并将 CommonPreprocessor（https://static.javadoc.io/org.deeplearning4j/deeplearning4j-nlp/1.0.0-alpha/org/deeplearning4j/text/tokenization/tokenizer/preprocessor/CommonPreprocessor.html）设置为标记器，用来删除标点符号、数字和特殊字符，然后强制地将所有生成的标记改为小写，如下所示：

```
val tokenizerFactory: TokenizerFactory = new DefaultTokenizerFactory
    tokenizerFactory.setTokenPreProcessor(new CommonPreprocessor)
```

现在可以按照以下方式开始构建模型：

```
val vec = new Word2Vec.Builder()
    .minWordFrequency(5)
    .iterations(1)
    .layerSize(100)
```

```
    .seed(42)
    .windowSize(5)
    .iterate(iter)
    .tokenizerFactory(tokenizerFactory)
    .build
```

如前所述，使用的是 Word2Vec，所以是通过 Word2Vec.Builder 类（`https://static.javadoc.io/org.deeplearning4j/deeplearning4j-nlp/1.0.0-alpha/org/deeplearning4j/models/word2vec/Word2Vec.Builder.html`）构建模型的，并设置为之前创建的标记器工厂。

接下来开始模型拟合：

```
vec.fit()
```

完成后将词向量保存到文件中，如下所示：

```
WordVectorSerializer.writeWordVectors(vec, "wordVectors.txt")
```

WordVectorSerializer 工具类（`https://static.javadoc.io/org.deeplearning4j/deeplearning4j-nlp/1.0.0-alpha/org/deeplearning4j/models/embeddings/loader/WordVectorSerializer.html`）操作词向量的序列化和持久化。

可以通过以下方式测试模型：

```
val lst = vec.wordsNearest("house", 10)
    println("10 Words closest to 'house': " + lst)
```

可以产生如图 12-1 所示的输出。

```
Fitting the Word2Vec model....
Saving word vectors to text file....
10 Words closest to 'house': [office, company, family, country, life, program, court, center, market, second]
```

图 12-1　示例输出 1

GloVe（`https://en.wikipedia.org/wiki/GloVe_(machine_learning)`）与 Word2Vec 相似，是一个分布式词汇表示法的模型，但它使用了一种不同的方法。Word2Vec 从用于预测相邻词汇的神经网络中提取嵌入信息（embeddings），在 GloVe 中嵌入信息被直接优化。如此一来，两个词向量的乘积则等于两个词出现在彼此附近次数的对数。例如，如果单词 cat 和 mouse 在一篇文章中相邻地出现了 20 次，则(vec(cat) * vec(mouse)) = lg(20)。DL4J NLP 库还提供了一个 GloVe 模型实现——GloVe.Builder（`https://static.javadoc.io/org.deeplearning4j/deeplearning4j-nlp/1.0.0-alpha/org/deeplearning4j/models/glove/Glove.Builder.html`）。所以这个示例可以适用于 GloVe 模型。给这个新模型输入与 Word2Vec 示例中包含大约 100000 个常规句子的相同文件。其中 SentenceIterator 和标记化是不变的（与 Word2Vec 示例中相同）。区别是模型的构造，如下所示：

```
val glove = new Glove.Builder()
    .iterate(iter)
```

```
        .tokenizerFactory(tokenizerFactory)
        .alpha(0.75)
        .learningRate(0.1)
        .epochs(25)
        .xMax(100)
        .batchSize(1000)
        .shuffle(true)
        .symmetric(true)
        .build
```

可以通过调用模型的 fit 方法对模型进行拟合，如下所示：

```
glove.fit()
```

在拟合过程完成后，就可以用模型做到一些事，如找两个词之间的相似度，如下所示：

```
val simD = glove.similarity("old", "new")
    println("old/new similarity: " + simD)
```

或者找出与输入单词相近的 n 个词：

```
val words: util.Collection[String] = glove.wordsNearest("time", 10)
    println("Nearest words to 'time': " + words)
```

得到的输出如图 12-2 所示。

```
Load & Vectorize Sentences....
old/new similarity: 0.4553183913230896
Nearest words to 'time': [want, use, nt, who, work, have, do, much, our, you]
```

图 12-2 示例输出 2

看完这两个示例后，你也许想知道 Word2Vec 与 GloVe 哪个模型更好。这种比较没有赢家，结果完全取决于数据。可以选择一个模型，以一种方法训练它，其被编码的向量最终让这个模型在特定领域的用例场景中得以工作。

12.2 使用 TensorFlow 实践 NLP

在本节中，将使用与上一节中第一个示例相同的 IMDB 影评数据集并通过 TensorFlow（Python）进行深度学习情感分析。此示例需要准备好 Python 2.7.x 的 pip 包管理器和 TensorFlow。在 10.3 节中详细介绍了如何设置所需的工具。我们将会使用 TensorFlow hub 库（https://www.tensorflow.org/hub/），它被创建的目的是重用机器学习模块。它需要通过 pip 来安装，如下所示：

```
pip install tensorflow-hub
```

此示例还需要用到 Pandas（https://pandas.pydata.org/）数据分析库，如下所示：

```
pip install pandas
```

导入必要的模块：

```
import tensorflow as tf
    import tensorflow_hub as hub
    import os
    import pandas as pd
    import re
```

接下来，定义一个函数将输入目录中的所有文件加载到 Pandas DataFrame 中，如下所示：

```
def load_directory_data(directory):
    data = {}
    data["sentence"] = []
    data["sentiment"] = []
    for file_path in os.listdir(directory):
        with tf.gfile.GFile(os.path.join(directory, file_path), "r") as f:
            data["sentence"].append(f.read())
            data["sentiment"].append(re.match("\d+_(\d+)\.txt", file_path).group(1))
    return pd.DataFrame.from_dict(data)
```

然后，定义另一个函数融合正面和负面的评论，添加一个名为 polarity 的列，并进行一些清洗，如下所示：

```
def load_dataset(directory):
    pos_df = load_directory_data(os.path.join(directory, "pos"))
    neg_df = load_directory_data(os.path.join(directory, "neg"))
    pos_df["polarity"] = 1
    neg_df["polarity"] = 0
    return pd.concat([pos_df, neg_df]).sample(frac=1).reset_index(drop=True)
```

实施第三个函数用于下载 IMDB 影评数据集并使用 load_dataset 函数创建下面的训练和测试 DataFrame：

```
def download_and_load_datasets(force_download=False):
    dataset = tf.keras.utils.get_file(fname="aclImdb.tar.gz",
origin="http://ai.stanford.edu/~amaas/data/sentiment/aclImdb_v1.tar.gz",
        extract=True)
    train_df = load_dataset(os.path.join(os.path.dirname(dataset),
                                    "aclImdb", "train"))
    test_df = load_dataset(os.path.join(os.path.dirname(dataset),
                                    "aclImdb", "test"))
    return train_df, test_df
```

这个函数将会在第一次执行代码时下载数据集。之后，除非你删除了它们，否则它们将被下面的这些执行从本地磁盘获取。两个 DataFrame 被以这种方式创建。

```
train_df, test_df = download_and_load_datasets()
```

也可以将训练的 DataFrame 头部输出至控制台，用来检查一切是否正常，如下所示：

```
print(train_df.head())
```

本示例的输出如图 12-3 所示。

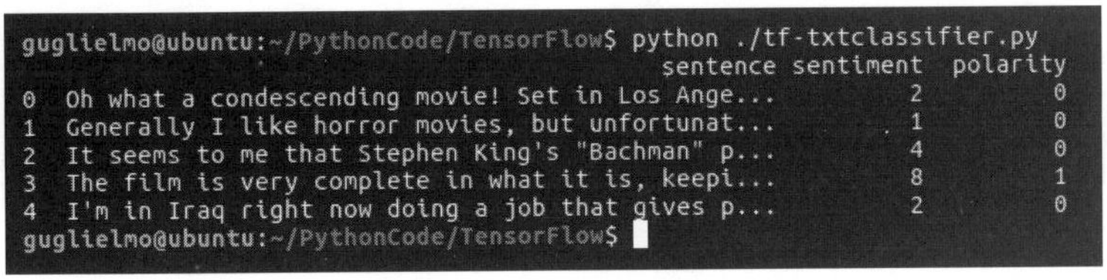

图 12-3　示例输出 3

现在有数据了就可以开始定义模型了。将使用 Estimator API（https://www.tensorflow.org/guide/estimators），这是一个高等级的 TensorFlow API，它已经被引入框架中用来简化机器学习编程。Estimator API 提供了一些输入函数，它们构成了 Pandas DataFrame 的封装器。因此，定义了如下函数：train_input_fn，它对整个训练集进行训练，且不限制训练的迭代次数：

```
train_input_fn = tf.estimator.inputs.pandas_input_fn(
        train_df, train_df["polarity"], num_epochs=None, shuffle=True)
predict_train_input_fn
```

通过以下操作对整个训练集进行预测：

```
predict_train_input_fn = tf.estimator.inputs.pandas_input_fn(
        train_df, train_df["polarity"], shuffle=False)
```

使用 predict_test_input_fn 对这个测试集进行预测：

```
predict_test_input_fn = tf.estimator.inputs.pandas_input_fn(
        test_df, test_df["polarity"], shuffle=False)
```

TensorFlow hub 库提供了一个特征列，该列将一个模块用于值是字符串的给定输入文本特征上，然后向下传递此模块的输出。在这个示例中将使用已经在 English Google News 200B 语料库中训练过的 nnlm-en-dim128 模块（https://tfhub.dev/google/nnlm-en-dim128/1）。以下面的方式将其嵌入代码并使用：

```
embedded_text_feature_column = hub.text_embedding_column(
        key="sentence",
        module_spec="https://tfhub.dev/google/nnlm-en-dim128/1")
```

为了进行分类，使用 TensorFlow hub 库提供的 DNNClassifier（https://www.tensorflow.org/api_docs/python/tf/estimator/DNNClassifier）。它不仅扩展了 Estimator（https://

www.tensorflow.org/api_docs/python/tf/estimator/Estimator），还是 TensorFlow DNN
模型的分类器。Estimator 在本示例中是这样被创建的：

```
estimator = tf.estimator.DNNClassifier(
        hidden_units=[500, 100],
        feature_columns=[embedded_text_feature_column],
        n_classes=2,
        optimizer=tf.train.AdagradOptimizer(learning_rate=0.003))
```

需要注意的是，指定 embedded_text_feature_column 作为特征列。两个隐藏层分别包含 500
和 100 个节点。AdagradOptimizer 是 DNNClassifier 的默认优化器。

通过调用 Estimator 的 train 方法，只需一行代码即可实现对模型的训练，如下所示：

```
estimator.train(input_fn=train_input_fn, steps=1000);
```

本示例所给定的训练数据集的大小（25KB）为 1000 步，相当于迭代 5 次（使用默认的批
大小）。

在训练完成后，可以对训练数据集进行如下预测：

```
train_eval_result = estimator.evaluate(input_fn=predict_train_input_fn)
    print("Training set accuracy: {accuracy}".format(**train_eval_result))
```

并测试数据集，如下所示：

```
test_eval_result = estimator.evaluate(input_fn=predict_test_input_fn)
    print("Test set accuracy: {accuracy}".format(**test_eval_result))
```

如图 12-4 所示是应用程序的输出，显示了这两种预测的准确率。

图 12-4　输出两个预测的准确率

同样像 9.1.1 小节所介绍的那样评估模型，通过计算混淆矩阵来了解错误分类的分布情况。
首先定义一个函数获取预测，如下所示：

```
def get_predictions(estimator, input_fn):
    return [x["class_ids"][0] for x in estimator.predict(input_fn=input_fn)]
```

现在，在训练数据集上创建混淆矩阵，如下所示：

```
with tf.Graph().as_default():
        cm = tf.confusion_matrix(train_df["polarity"],
                            get_predictions(estimator,
                            predict_train_input_fn))
```

```
with tf.Session() as session:
        cm_out = session.run(cm)
```

使其标准化，使每一行之和等于 1，如下所示：

```
cm_out = cm_out.astype(float) / cm_out.sum(axis=1)[:, np.newaxis]
```

混淆矩阵在屏幕的输出应该如图 12-5 所示。

图 12-5　输出混淆矩阵

也可以使用 Python 中的一些可用图表库以更简洁的方式呈现它。

你应该已经注意到了这段代码十分紧凑并且不需要高级的 Python 知识，但对于深度学习和机器学习的初学者来说，它并不是一个轻松的入门点，因为 TensorFlow 潜在地要求用户对机器学习概念有很好的了解之后才能理解它的 API。将其与 DL4J API 进行对比的话，可以明显地感受到这种差异。

12.3　使用 Keras 和 TensorFlow 后端实践 NLP

正如在 10.3 节中所提到的，在 Python 中进行深度学习操作时，另一个可替代 TensorFlow 的方案是 Keras。它可以作为 TensorFlow 后端上面的一个高级 API。在本节中，将介绍如何使用 Keras 进行情感分析，最后将对这个实现和在前一个 TensorFlow 中的实现进行比较。

本节示例将继续使用完全相同的 IMDB 影评数据集（包含 25000 个训练样本和 25000 个测试样本）。这个示例的先决条件在与 TensorFlow 示例（Python 2.7.x，pip 包管理器和 TensorFlow）相同的基础上还增加了 Keras。Keras 代码模块内置了该数据集：

```
from keras.datasets import imdb
```

因此，只需要设置词汇表的大小并从那里加载数据，而不需要从其他外部位置加载，如下所示：

```
vocabulary_size = 5000
    (X_train, y_train), (X_test, y_test) = imdb.load_data(num_words = vocabulary_size)
```

在下载结束后，可以输出下载的评论样本以供查阅，如下所示：

```
print('---review---')
print(X_train[6])
print('---label---')
```

```
print(y_train[6])
```

其输出如图 12-6 所示。

```
Loaded dataset with 25000 training samples, 25000 test samples
---review---
[1, 2, 365, 1234, 5, 1156, 354, 11, 14, 2, 2, 356, 44, 4, 1349, 500, 746, 5, 200, 4, 4132, 11, 2, 2, 1117, 1831, 2, 5, 4831, 26, 6, 2, 4183, 17, 369,
37, 215, 1345, 143, 2, 5, 1838, 8, 1974, 15, 36, 119, 257, 85, 52, 486, 9, 6, 2, 2, 63, 271, 6, 196, 96, 949, 4121, 4, 2, 7, 4, 2212, 2436, 819, 63, 47, 77, 2, 180,
6, 227, 11, 94, 2494, 2, 13, 423, 4, 168, 7, 4, 22, 5, 89, 665, 71, 270, 56, 5, 13, 197, 12, 161, 2, 99, 76, 23, 2, 7, 419, 665, 40, 91, 85, 108, 7, 4, 2084, 5, 4773
, 81, 55, 52, 1901]
---label---
1
```

图 12-6   示例输出 4

可以看到在这个阶段中,评论被存储为整数序列,而 ID 已经被预分配了单独的单词。标签也是一个整数(0 表示负,1 表示正)。无论如何都可以通过使用由 imdb.get_word_index 方法返回的字典(如图 12-7 所示),将下载的评论映射回它们原来的单词,如下所示:

```
word2id = imdb.get_word_index()
    id2word = {i: word for word, i in word2id.items()}
    print('---review with words---')
    print([id2word.get(i, ' ') for i in X_train[6]])
    print('---label---')
    print(y_train[6])
```

```
---review with words---
[u'the', u'and', u'full', u'involving', u'to', u'impressive', u'boring', u'this', u'as', u'and', u'and', u'br', u'villain', u'and', u'and', u'need', u'has', u'of',
u'costumes', u'b', u'message', u'to', u'may', u'of', u'props', u'this', u'and', u'and', u'concept', u'issue', u'and', u'to', u"god's", u'he', u'is', u'and', u'unfolds
', u'movie', u'women', u'like', u'isn't', u'surely', u'i'm', u'and', u'to', u'toward', u'in', u"here's", u'for', u'from', u'did', u'having', u'because', u'very', u'q
uality', u'it', u'is', u'and', u'and', u'really', u'book', u'is', u'both', u'too', u'worked', u'carl', u'of', u'and', u'br', u'of', u'reviewer', u'closer', u'figure'
, u'really', u'there', u'will', u'and', u'things', u'is', u'far', u'this', u'make', u'mistakes', u'and', u'was', u"couldn't", u'of', u'few', u'br', u'of', u'you', u'
to', u"don't", u'female', u'than', u'place', u'she', u'to', u'was', u'between', u'that', u'nothing', u'and', u'movies', u'get', u'are', u'and', u'br', u'yes', u'fema
le', u'just', u'its', u'because', u'many', u'br', u'of', u'overly', u'to', u'descent', u'people', u'time', u'very', u'bland']
---label---
1
```

图 12-7   字典返回

在图 12-7 中,你可以看到字典返回的输入评论中使用的单词。我们将在这个示例中使用 RNN 模型。为了给它提供数据,所有输入的长度都应该相同。使用以下代码查看下载的评论的最大长度和最小长度:

```
print('Maximum review length: {}'.format(
    len(max((X_train + X_test), key=len))))
    print('Minimum review length: {}'.format(
    len(min((X_test + X_test), key=len))))
```

输出信息如图 12-8 所示。

```
Maximum review length: 2697
Minimum review length: 14
```

图 12-8   示例输出 5

可以看到它们的长度并不相同。因此,需要限制评论的最大长度为 500 字,方法是截断较长的评论,并用 0 填充较短的评论。可以通过 Keras 中的 sequence.pad_sequences 函数实现,如下所示：

```
from keras.preprocessing import sequence
    max_words = 500
    X_train = sequence.pad_sequences(X_train, maxlen=max_words)
    X_test = sequence.pad_sequences(X_test, maxlen=max_words)
```

开始设计 RNN 模型，如下所示：

```
from keras import Sequential
    from keras.layers import Embedding, LSTM, Dense, Dropout
    embedding_size=32
    model=Sequential()
    model.add(Embedding(vocabulary_size, embedding_size,
                        input_length=max_words))
    model.add(LSTM(100))
    model.add(Dense(1, activation='sigmoid'))
```

它是一个简单的 RNN 模型，共有三层，分别是嵌入层（Embedding）、长短期记忆层（LSTM）和全连接层（Dense），如图 12-9 所示。

Layer (type)	Output Shape	Param #
embedding_1 (Embedding)	(None, 500, 32)	160000
lstm_1 (LSTM)	(None, 100)	53200
dense_1 (Dense)	(None, 1)	101

```
Total params: 213,301
Trainable params: 213,301
Non-trainable params: 0
```

图 12-9　RNN 模型的三层

这个模型的输入是一个最大长度为 500 的整数 ID 序列，它的输出是一个二进制标签（0 或 1）。

可以通过该模型的 compile 方法对它的学习过程进行配置，如下所示：

```
model.compile(loss='binary_crossentropy',
              optimizer='adam',
              metrics=['accuracy'])
```

之后设置批处理的大小和训练迭代次数，如下所示：

```
batch_size = 64
    num_epochs = 3
```

可以按照如下方式进行训练，示例输出如图 12-10 所示。

```
X_valid, y_valid = X_train[:batch_size], y_train[:batch_size]
    X_train2, y_train2 = X_train[batch_size:], y_train[batch_size:]
    model.fit(X_train2, y_train2, validation_data=(X_valid, y_valid),
batch_size=batch_size, epochs=num_epochs)
```

```
Train on 24936 samples, validate on 64 samples
Epoch 1/3
2018-10-15 02:31:00.401234: I tensorflow/core/platform/cpu_feature_guard.cc:141] Your CPU supports instructions that this Tenso
FMA
24936/24936 [==============================] - 162s 7ms/step - loss: 0.4380 - acc: 0.7911 - val_loss: 0.1959 - val_acc: 0.9219
Epoch 2/3
24936/24936 [==============================] - 162s 7ms/step - loss: 0.2821 - acc: 0.8880 - val_loss: 0.1710 - val_acc: 0.9219
Epoch 3/3
24936/24936 [==============================] - 166s 7ms/step - loss: 0.2373 - acc: 0.9083 - val_loss: 0.2135 - val_acc: 0.9375
```

图 12-10　示例输出 6

训练完成后，可以通过测试数据集评估模型的准确率水平，如下所示，示例输出如图 12-11 所示。

```
scores = model.evaluate(X_test, y_test, verbose=0)
print('Test accuracy:', scores[1])
```

```
Epoch 3/3
24936/24936 [====================
('Test accuracy:', 0.87308)
```

图 12-11　示例输出 7

通过这个示例的代码，应该能发现它比前面使用 TensorFlow 的示例更高级，而且开发时的重点主要放在实现特定的问题模型的细节上，而不是它背后的机器学习或深度学习机制。

12.4　将 Keras 模型导入 DL4J 的 NLP 实践

在 10.3 节中，学习了如何将现有的 Keras 模型导入 DL4J，并使用它们进行预测或在基于 JVM 的环境中重新训练。

这适用于 12.3 节内在 Python 中实现和训练的模型，使用了具有 TensorFlow 后端的 Keras。需要编辑此示例中的代码，将模型以 HDF5 格式序列化，如下所示：

```
model.save('sa_rnn.h5')
```

生成的 sa_rnn.h5 文件需要被复制到将要实施 Scala 项目的资源文件夹中。这个项目的依赖项是 DataVec API、DL4J 核心、ND4J 和 DL4J 模型导入库。

假如想要通过 DL4J 重新训练模型，则需要像 12.1 节中所介绍的那样导入和转换 IMDB 影评数据库。然后，需要以编程的手段导入 Keras 模型，如下所示：

```
val saRnn = new ClassPathResource("sa_rnn.h5").getFile.getPath
val model = KerasModelImport.importKerasSequentialModelAndWeights(saRnn)
```

最后，可以通过调用 model 的 predict 方法（它是 MultiLayerNetwork 的实例，就像在 DL4J 中一样）进行预测，将输入数据作为 ND4J 数据集进行传递（`https://static.javadoc.io/org.nd4j/nd4j-api/1.0.0-alpha/org/nd4j/linalg/dataset/api/DataSet.html`）。

12.5 小结

本章完成了对 Scala 的 NLP 实现过程的解释。在本章与第 11 章中，对这种编程语言的不同框架进行了评估，并且详细介绍了每种框架的优缺点。本章的重点是通过使用深度学习方法处理 NLP。因此，提出了一些 Python 的替代方案，并强调了在 JVM 上下文与 DL4J 框架中集成这些 Python 模型的可能性。到了这个阶段，读者应该能够准确地评估什么是最适合他/她的特定 NLP 用例。

从第 13 章开始，将学习更多关于卷积和 CNN 如何应用于图像识别的问题。图像识别将会演示不同框架的不同实现，其中包括 DL4J、Keras 和 TensorFlow。

第 13 章

卷积

第 11 章和第 12 章已经介绍了在 Apache Spark 中使用 RNN/LSTM 实现 NLP 的真实用例。在本章和接下来的章节中，将对 CNN 模型做相似的事情：探讨它们如何应用于图像识别和分类。

本章主要包含以下内容：

- 从数学和深度学习的角度快速回顾什么是卷积。
- 在现实问题中目标识别的挑战和策略。
- 卷积如何应用于图像识别以及通过采用相同的方法，但使用以下两种不同的开源框架和编程语言，通过深度学习（CNN）实践实现图像识别用例：
  - ↘ Python 中的 Keras（具有 TensorFlow 后端）。
  - ↘ Scala 中的 DL4J（和 ND4J）。

13.1 一维卷积和二维卷积

第 5 章涵盖了 CNN 模型底层的理论，卷积已经成为展示的一部分。在开始了解物体识别前，先从数学和实用的角度简单回顾一下这个概念。在数学中，卷积是对两个函数的运算并会产生第三个函数，第三个函数是前两个函数的乘积的积分结果，其中一个被翻转：

$$[f * g](t) = \int_0^t f(\tau)g(t-\tau)\mathrm{d}\tau$$

卷积在二维图像处理和信号滤波中得到了广泛的应用。为了更好地理解其背后发生的事情，这里有一个简单的 Python 代码示例，其使用 NumPy 进行一维卷积：

```
import numpy as np

x = np.array([1, 2, 3, 4, 5])
y = np.array([1, -2, 2])
result = np.convolve(x, y)
print result
```

其输出结果如图 13-1 所示。

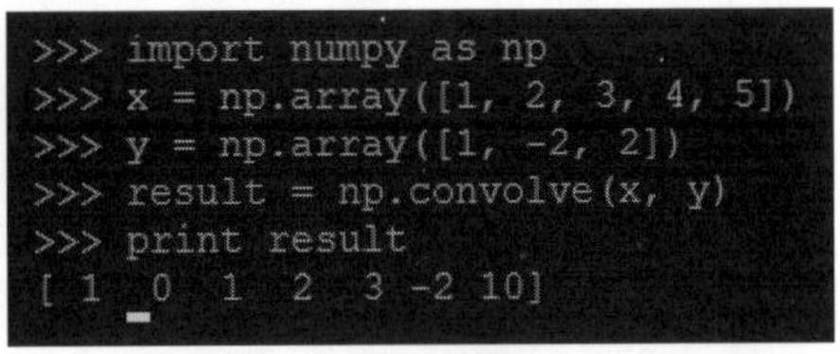

图 13-1 示例输出 1

来看看 x 和 y 数组中的卷积是如何得到这个结果的。convolve 函数做的第一件事就是水平翻转 y 数组：

```
[1, -2, 2]变成了 [2, -2, 1]
```

然后，翻转的 y 数组滑动到 x 数组上，如图 13-2 所示。

result 数组[1 0 1 2 3 –2 10]就是这样生成的。

二维卷积也有类似的机制。下面是一个简单的使用 NumPy 的 Python 代码示例：

```
import numpy as np
from scipy import signal

a = np.matrix('1 3 1; 0 -1 1; 2 2 -1')
print(a)
w = np.matrix('1 2; 0 -1')
print(w)
```

```
f = signal.convolve2d(a, w)
print(f)
```

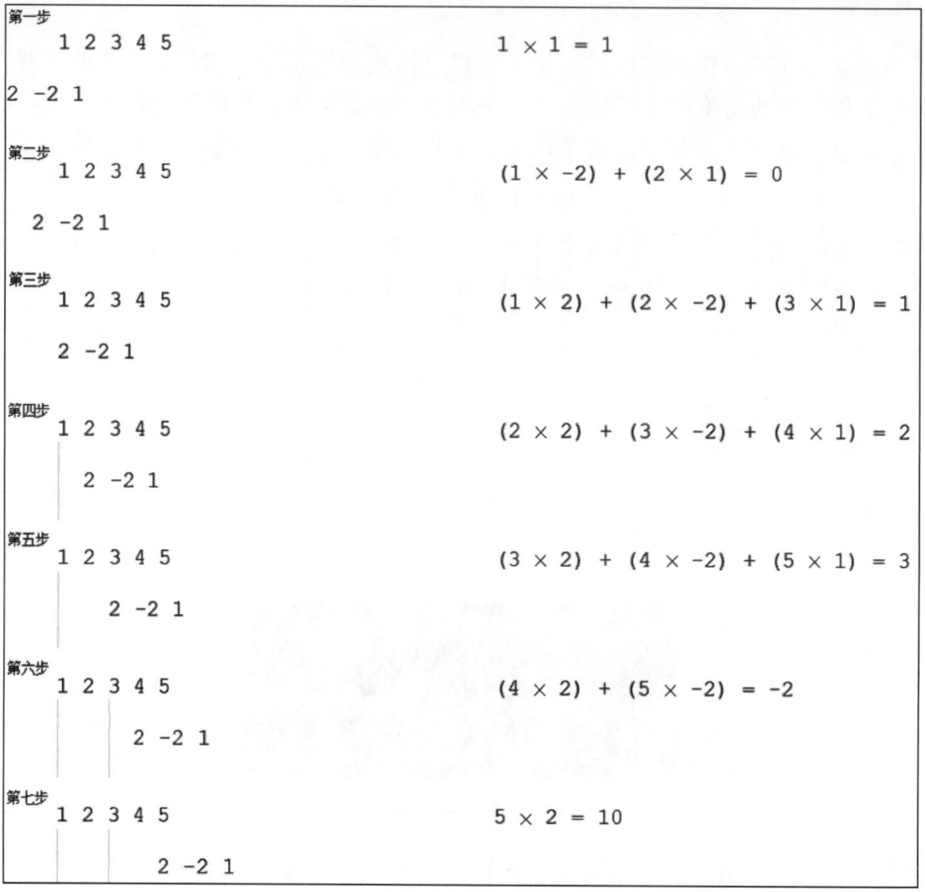

第一步
1 2 3 4 5
2 -2 1
1 × 1 = 1
第二步
1 2 3 4 5
2 -2 1
(1 × -2) + (2 × 1) = 0
第三步
1 2 3 4 5
2 -2 1
(1 × 2) + (2 × -2) + (3 × 1) = 1
第四步
1 2 3 4 5
2 -2 1
(2 × 2) + (3 × -2) + (4 × 1) = 2
第五步
1 2 3 4 5
2 -2 1
(3 × 2) + (4 × -2) + (5 × 1) = 3
第六步
1 2 3 4 5
2 -2 1
(4 × 2) + (5 × -2) = -2
第七步
1 2 3 4 5
2 -2 1
5 × 2 = 10

图 13-2　数组翻转示意图

此时，使用 SciPy（`https://www.scipy.org/`）的 signal.convolve2d 函数进行卷积。上面的代码执行结果如图 13-3 所示。

>>> f = signal.convolve2d(a, w)
>>> print(f)
[[1 5 7 2]
 [0 -2 -4 1]
 [2 6 4 -3]
 [0 -2 -2 1]]
>>>

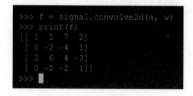

图 13-3　示例输出 2

当翻转后的矩阵完全在输入矩阵内部时，其结果称为有效（valid）卷积。它可以用来计算二维卷积，通过这种方式仅获得有效结果，如下所示：

```
f = signal.convolve2d(a, w, 'valid')
```

这将得到如图 13-4 所示的输出。

```
>>> f = signal.convolve2d(a, w, 'valid')
>>> print(f)
[[-2 -4]
 [ 6  4]]
```

图 13-4　示例输出 3

这些结果的计算方法如下。首先将 w 矩阵翻转：

$$\begin{bmatrix} 1 & 2 \\ 0 & -1 \end{bmatrix} \rightarrow \begin{bmatrix} -1 & 0 \\ 2 & 1 \end{bmatrix}$$

然后与一维卷积一样，将 a 矩阵的每个窗口元素与被翻转的 w 矩阵逐个相乘，最终将结果求和，进程如下所示：

$$\begin{bmatrix} 1 & 3 \\ 0 & -1 \end{bmatrix} \quad (1 \times -1) + (0 \times 3) + (0 \times 2) + (-1 \times 1) = -2$$

$$\begin{bmatrix} 3 & 1 \\ -1 & 1 \end{bmatrix} \quad (3 \times -1) + (1 \times 0) + (-1 \times 2) + (1 \times 1) = -4$$

$$\cdots$$

13.2　对象识别策略

本节将介绍在实现数字图像的自动识别对象中所使用的不同计算技术。让我们先从对象识别的定义开始。简而言之，它的任务是在 2D 图像的场景中找出并标记与对象对应的部分。图 13-5 的截图展示了一个人用笔手动进行物体识别的示例。

图 13-5　手工识别对象的示例

这张图片对可以辨认出的水果进行了标记和加上了标签,有香蕉(banana)和南瓜(pumpkin)。这个过程与通过计算识别对象是一致的,它可以理解为用线条绘制和勾勒出图像区域的过程,最后给每个结构标记一个最接近该结构的模型标签。

在识别对象时,必须结合一系列的因素,如场景的上下文语义或图像中所呈现的信息。在解释图像时联系上下文是十分重要的。让我们先看看如图 13-6 所示的截图,若要单独识别图像中的物体几乎是不可能的。让我们看看如图 13-7 所示的截图,多个相同的对象出现在原始图像中。

图 13-6　单独的对象(无上下文情境)　　　图 13-7　示例的原始图像

如果不提供进一步的信息,这仍然很难识别出该对象,但已经不像图 13-6 那样困难了。根据图像的上下文信息可以判断出该图像为电路板,从而最开始的对象更容易被识别为电容。背景文化的上下文在恰当的诠释场景中扮演着重要的角色。

现在让我们开始研究第二个例子(如图 13-8 所示),一个楼梯井的一致性 3D 图像。

通过改变图像中的光线,最终可能会让眼睛(也包括计算机)更难看到一致的 3D 图像(如图 13-9 所示)。

与原始图像(图 13-8)相比,对图像的亮度和对比度进行修改后的效果如图 13-10 所示。

图 13-8　楼梯井　　　　　图 13-9　对图 13-8 应用不同光线后的结果

肉眼仍然可以识别到台阶。然而，若使用不同的亮度和对比度值对原始图像进行调整，如图 13-11 所示，则几乎不可能认出它们是同一幅图像。

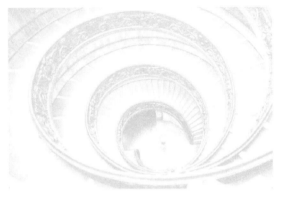

图 13-10　将图 13-8 改变亮度和对比度后的图像　图 13-11　将图 13-8 用不同的亮度和对比度后的图像

从上面几幅图像中能学到的是：尽管之前处理过的截图保留了原始图像（图 13-8）的重要组成部分，图 13-11 和之前的截图已经变得难以判断了，因为 3D 的细节已被修改和移除了。这个示例证明计算机也像人眼一样需要适当的上下文信息，以便能成功地完成对象识别和场景解释。

对象识别的计算策略可以根据它对复杂图像数据或复杂模型的适用性进行分类。数字图像中的数据复杂度对应于它的信噪比。语义模糊的图像对应着复杂的（或嘈杂的）数据。一个图像中由模型实例的完美轮廓组成的数据称为简单。当图像数据的分辨率差、有噪声、有其他类型的异常或是容易混淆的失败模型实例，则称为复杂。一个模型的复杂性由图像中数据结构的详细程度以及确定数据形式所需的技术表示。如果一个模型由一个简单的法则定义（如一个单独的形状模板或者一个函数优化隐含着一个形状模式），那么不再需要其他上下文将模型标签附加到一个给定的场景。但是，如果必须组合多个原子模型组件或者以某种特定层次关系而根据所需的模型实例建立存在，则需要用到复杂的数据结构和重要的技术。

根据上面的定义，对象识别策略可以分为以下四大类。

- **特征向量分类**：它依赖于一个由物体图像特征组成的普通模型。通常，它只被应用于简单数据。
- **拟合模型光度法**：这种方法应用于简单模型是足够的，但是一个图像的光度是指噪声和模糊。
- **拟合模型到符号结构**：应用于需要复杂模型时，但可以从简单的数据中准确推断出可靠的符号结构。这些方法查找对象实例是通过匹配表示全局对象各部分之间关系的数据结构。
- **组合策略**：应用于数据和所需模型实例都很复杂的情况。

本书中详细介绍的主要开源框架已经将这些考量和策略考虑在内，这些可用 API 的实现构建和训练 CNN 并应用于对象识别。虽然这些都是非常高级的 API，但在为模型的隐藏层选择合适的组合时，也应该采取同样的思维方式。

13.3　卷积在图像识别中的应用

在本节中，根据本章第一部分的介绍，将动手实现一个图像识别模型。还将使用两种不同的框架和编程语言实现这个相同的用例。

13.3.1　Keras 实现

我们将要在 Python 和 Keras 中实现第一个对象识别。为了训练和评估模型，我们将使用一个名为 CIFAR-10（http://www.cs.toronto.edu/~kriz/cifar.html）的公共数据集。它由 60000 个（50000 个用于训练，10000 个用于测试）小的彩色图像（32×32 像素）组成，并分为 10 类（飞机、汽车、鸟、猫、鹿、狗、青蛙、马、船和卡车）。这 10 类是互相独立的。CIFAR-10 数据集（163MB）可以从 http://www.cs.toronto.edu/~kriz/cifar-10-python.tar.gz 中下载获得。

实现该模型的前提条件是 Python 2.7.x、Keras、TensorFlow（用作 Keras 后端）、NumPy 和 scikit-learn（机器学习的一个开源工具，http://scikit-learn.org/stable/index.html）。第 10 章涵盖了为 Keras 和 TensorFlow 设置 Python 环境的详细信息。scikit-learn 可以通过如下方式安装：

```
sudo pip install scikit-learn
```

首先，需要导入所有必需的 NumPy、Keras 和 scikit-learn 命名空间与类，如下所示：

```
import numpy as np
from keras.models import Sequential
from keras.layers import Dense
from keras.layers import Dropout
from keras.layers import Flatten
from keras.constraints import maxnorm
from keras.optimizers import SGD
from keras.layers.convolutional import Conv2D
from keras.layers.convolutional import MaxPooling2D
from keras.utils import np_utils
from keras.datasets import cifar10
from keras import backend as K
from sklearn.model_selection import train_test_split
```

现在，需要加载 CIFAR-10 数据集。无须单独下载它，Keras 提供了一种通过编程下载它的方式，如下所示：

```
K.set_image_dim_ordering('th')
```

```
(X_train, y_train), (X_test, y_test) = cifar10.load_data()
```

load_data 函数将在首次执行时下载它。连续运行会使用本地已经下载的数据集。为了确保结果的可重复，使用固定值初始化 seed，如下所示：

```
seed = 7
np.random.seed(seed)
```

每个 RGB 通道的输入数据集的像素值为 0～255。可以通过除以 255.0 将数据标准化为 0～1，然后执行以下操作：

```
X_train = X_train.astype('float32')
X_test = X_test.astype('float32')
X_train = X_train / 255.0
X_test = X_test / 255.0
```

可以对输出变量进行热编码，将其转换为二进制矩阵（它可以是独热编码，因为对 10 个类别中的每一类，它们都被定义为 0～1 的整数向量），如下所示：

```
y_train = np_utils.to_categorical(y_train)
y_test = np_utils.to_categorical(y_test)
num_classes = y_test.shape[1]
```

接下来开始实现模型。首先实现一个简单的 CNN 模型，并验证其准确性等级，如果可以我们将使模型更加复杂。以下是其中一个可能的实现：

```
model = Sequential()
model.add(Conv2D(32,(3,3), input_shape = (3,32,32), padding = 'same',
activation = 'relu'))
model.add(Dropout(0.2))
model.add(Conv2D(32,(3,3), padding = 'same', activation = 'relu'))
model.add(MaxPooling2D(pool_size=(2,2)))
model.add(Conv2D(64,(3,3), padding = 'same', activation = 'relu'))
model.add(MaxPooling2D(pool_size=(2,2)))
model.add(Flatten())
model.add(Dropout(0.2))
model.add(Dense(512,activation='relu',kernel_constraint=maxnorm(3)))
model.add(Dropout(0.2))
model.add(Dense(num_classes, activation='softmax'))
```

在训练开始前，可以在控制台的输出中查看模型层运行时的详细信息（如图 13-12 所示）。

这个模型是一个 Sequential 模型。从前面的输出中可以看到，输入层是卷积层，其具有 32 个 3×3 尺寸的特征图和一个 ReLU 激活函数。在对输入数据应用 20%的流失率以减少过度拟合后，下一层是第二个卷积层，拥有与输入层相同的特征。接着，设置最大池化层为 2×2 的尺寸。在它之后是第三个卷积层，其拥有 64 个大小为 3×3 的特征图和一个 ReLU 激活函数，且最大池化层的尺寸被设置为 2×2。在进行第二个最大池化之后与将数据传送至下一层之前，放置一个扁平层并应用 20%的流失率，下一层是一个完全连接的层，有 512 个单元和一个 ReLU 激活函数。在输出层之前再应用另一个 20%的流失率，这是一个拥有 10 个单元和归一化指数激活函数的全连接层。

```
Layer (type)                    Output Shape           Param #
=================================================================
conv2d_1 (Conv2D)               (None, 32, 32, 32)     896
_____
dropout_1 (Dropout)             (None, 32, 32, 32)     0
_____
conv2d_2 (Conv2D)               (None, 32, 32, 32)     9248
_____
max_pooling2d_1 (MaxPooling2    (None, 32, 16, 16)     0
_____
conv2d_3 (Conv2D)               (None, 64, 16, 16)     18496
_____
max_pooling2d_2 (MaxPooling2    (None, 64, 8, 8)       0
_____
flatten_1 (Flatten)             (None, 4096)           0
_____
dropout_2 (Dropout)             (None, 4096)           0
_____
dense_1 (Dense)                 (None, 512)            2097664
_____
dropout_3 (Dropout)             (None, 512)            0
_____
dense_2 (Dense)                 (None, 10)             5130
=================================================================
Total params: 2,131,434
Trainable params: 2,131,434
Non-trainable params: 0
```

图 13-12　模型层运行时的详细信息

可以定义以下训练属性：迭代数量（epochs）、学习速率（lrate）、权重衰减（decay）和**优化器**（sgd），对于这个特定用例我们将其设置为随机梯度下降：

```
epochs = 25
lrate = 0.01
decay = lrate/epochs
sgd = SGD(lr=lrate, momentum=0.9, decay=decay, nesterov=False)
```

配置模型的训练过程如下所示：

```
model.compile(loss='categorical_crossentropy', optimizer=sgd,
metrics=['accuracy'])
```

现在可以使用 CIFAR-10 训练数据开始训练了，如下所示：

```
model.fit(X_train, y_train, validation_data=(X_test, y_test),
epochs=epochs, batch_size=32)
```

完成后可以使用 CIFAR-10 测试数据进行评估，如下所示：

```
scores = model.evaluate(X_test,y_test,verbose=0)
print("Accuracy: %.2f%%" % (scores[1]*100))
```

此模型的准确率大约为 75%，如图 13-13 所示。

```
Epoch 21/25
50000/50000 [==============================] - 426s 9ms/step - loss: 0.1879 - acc: 0.9318 - val_loss: 0.8800 - val_acc: 0.7484
Epoch 22/25
50000/50000 [==============================] - 427s 9ms/step - loss: 0.1728 - acc: 0.9397 - val_loss: 0.9243 - val_acc: 0.7470
Epoch 23/25
50000/50000 [==============================] - 427s 9ms/step - loss: 0.1676 - acc: 0.9419 - val_loss: 0.9170 - val_acc: 0.7498
Epoch 24/25
50000/50000 [==============================] - 429s 9ms/step - loss: 0.1580 - acc: 0.9451 - val_loss: 0.9065 - val_acc: 0.7500
Epoch 25/25
50000/50000 [==============================] - 425s 8ms/step - loss: 0.1497 - acc: 0.9485 - val_loss: 0.9329 - val_acc: 0.7500
Accuracy: 75.00%
```

图 13-13　模型准确率

这不是一个很好的结果。我们进行了 25 次迭代的训练，这算一个小数目。所以若进行更多的迭代训练，准确率就会提升。但是，让我们先看看是否可以通过改变 CNN 模型而增加其深度。添加两个额外的输入，如下所示：

```python
from keras.layers import Activation
from keras.layers import BatchNormalization
```

对上面的实现代码的唯一更改是针对网络模型的。下面这是一个新的：

```python
model = Sequential()
model.add(Conv2D(32, (3,3), padding='same', input_shape=x_train.shape[1:]))
model.add(Activation('elu'))
model.add(BatchNormalization())
model.add(Conv2D(32, (3,3), padding='same'))
model.add(Activation('elu'))
model.add(BatchNormalization())
model.add(MaxPooling2D(pool_size=(2,2)))
model.add(Dropout(0.2))

model.add(Conv2D(64, (3,3), padding='same'))
model.add(Activation('elu'))
model.add(BatchNormalization())
model.add(Conv2D(64, (3,3), padding='same'))
model.add(Activation('elu'))
model.add(BatchNormalization())
model.add(MaxPooling2D(pool_size=(2,2)))
model.add(Dropout(0.3))

model.add(Conv2D(128, (3,3), padding='same'))
model.add(Activation('elu'))
model.add(BatchNormalization())
model.add(Conv2D(128, (3,3), padding='same'))
model.add(Activation('elu'))
model.add(BatchNormalization())
model.add(MaxPooling2D(pool_size=(2,2)))
model.add(Dropout(0.4))

model.add(Flatten())
```

```
model.add(Dense(num_classes, activation='softmax'))
```

基本上来说，我们所做的就是重复相同的模式，每个模式都有不同数量的特征图（32、64和128）。添加多个层的好处是：每个层都将学习到不同抽象级别的特征。在我们的用例中，训练一个 CNN 模型去识别物体，可以先确认第一层使其训练识别基础的物品（如物体的边缘），下一层让其训练识别形状（可以理解为边缘的集合），然后下一层训练识别形状合集（参考 CIFAR-10 数据集，它们可以是腿、翅膀、尾巴等），再下一层学习高阶的特征（对象）。多层结构（如图 13-14 所示）更具优势，因为它们可以学习到输入（原始数据）和高级分类之间的所有中间特征。

Layer (type)	Output Shape	Param #
conv2d_1 (Conv2D)	(None, 32, 32, 32)	896
activation_1 (Activation)	(None, 32, 32, 32)	0
batch_normalization_1 (Batch	(None, 32, 32, 32)	128
conv2d_2 (Conv2D)	(None, 32, 32, 32)	9248
activation_2 (Activation)	(None, 32, 32, 32)	0
batch_normalization_2 (Batch	(None, 32, 32, 32)	128
max_pooling2d_1 (MaxPooling2	(None, 32, 16, 16)	0
dropout_1 (Dropout)	(None, 32, 16, 16)	0
conv2d_3 (Conv2D)	(None, 64, 16, 16)	18496
activation_3 (Activation)	(None, 64, 16, 16)	0
batch_normalization_3 (Batch	(None, 64, 16, 16)	64
conv2d_4 (Conv2D)	(None, 64, 16, 16)	36928
activation_4 (Activation)	(None, 64, 16, 16)	0
batch_normalization_4 (Batch	(None, 64, 16, 16)	64
max_pooling2d_2 (MaxPooling2	(None, 64, 8, 8)	0
dropout_2 (Dropout)	(None, 64, 8, 8)	0
conv2d_5 (Conv2D)	(None, 128, 8, 8)	73856
activation_5 (Activation)	(None, 128, 8, 8)	0
batch_normalization_5 (Batch	(None, 128, 8, 8)	32
conv2d_6 (Conv2D)	(None, 128, 8, 8)	147584
activation_6 (Activation)	(None, 128, 8, 8)	0
batch_normalization_6 (Batch	(None, 128, 8, 8)	32
max_pooling2d_3 (MaxPooling2	(None, 128, 4, 4)	0
dropout_3 (Dropout)	(None, 128, 4, 4)	0
flatten_1 (Flatten)	(None, 2048)	0
dense_1 (Dense)	(None, 10)	20490

```
Total params: 307,946
Trainable params: 307,722
Non-trainable params: 224
```

图 13-14　多层结构

再次进行训练并对新的模型进行评估，其结果提升为 80.57%，如图 13-15 所示。

```
Accuracy: 80.57%
Application end.
```

图 13-15　新模型结果

与之前的模型相比，在同样只运行了 25 次迭代的情况下，这已经得到了明显的改进。但是，现在让我们尝试通过增强数据图像进一步提升性能。观察这个训练数据集，可以发现图像中的对象改变了它们各自的位置。通常，在数据集中，图像拥有多种不同的条件（不同亮度、方向等）。我们需要另外修改过的数据训练神经网络从而解决这些问题。思考下面的这个简单示例，一个只有两类汽车图像的训练数据集，分别是甲壳虫（Volkswagen Beetle）（如图 13-16 所示）和保时捷（Porsche）。然而所有的保时捷都是朝向右侧，如图 13-17 所示。

图 13-16　甲壳虫训练图

图 13-17　保时捷训练图

在训练完成后达到了一个较高的准确率（90%或 95%），然后给模型输入如图 13-18 所示的图像。

图 13-18　输入的甲壳虫图像

这里有很大的风险被归类为保时捷。为了防止出现这种情况，我们应该减少训练数据集中不相关特征的数量。参考这个汽车的示例，有一件事我们可以做，水平翻转训练数据集的图像，使它们朝向另一侧。在这个新数据集上再训练一遍神经网络之后,模型的性能会更加接近预期。数据增强可以脱机进行（适合小数据集）或者在线进行（适合大数据集,因为转换应用于模型输入的微批次）。让我们尝试使用 Keras 的 ImageDataGenerator 类对本节示例的最新模型实现的训练数据集进行在线数据增强的编程,如下所示:

```python
from keras.preprocessing.image import ImageDataGenerator
datagen = ImageDataGenerator(
    rotation_range=15,
    width_shift_range=0.1,
    height_shift_range=0.1,
    horizontal_flip=True,
    )
datagen.fit(X_train)
```

拟合模型时的使用方法如下所示:

```python
batch_size = 64
model.fit_generator(datagen.flow(X_train, y_train, batch_size=batch_size),\
                    steps_per_epoch=X_train.shape[0] //
batch_size,epochs=125,\
verbose=1,validation_data=(X_test,y_test),callbacks=[LearningRateScheduler(lr_sc
hedule)])
```

在开始训练前,我们还要做一件事,那就是在模型的卷积层中应用一个内核正则化（https://keras.io/regularizers/）,如下所示:

```python
weight_decay = 1e-4
model = Sequential()
model.add(Conv2D(32, (3,3), padding='same',
kernel_regularizer=regularizers.l2(weight_decay),
input_shape=X_train.shape[1:]))
model.add(Activation('elu'))
model.add(BatchNormalization())
model.add(Conv2D(32, (3,3), padding='same',
kernel_regularizer=regularizers.l2(weight_decay)))
model.add(Activation('elu'))
model.add(BatchNormalization())
model.add(MaxPooling2D(pool_size=(2,2)))
model.add(Dropout(0.2))

model.add(Conv2D(64, (3,3), padding='same',
kernel_regularizer=regularizers.l2(weight_decay)))
model.add(Activation('elu'))
model.add(BatchNormalization())
model.add(Conv2D(64, (3,3), padding='same',
```

```
kernel_regularizer=regularizers.l2(weight_decay)))
model.add(Activation('elu'))
model.add(BatchNormalization())
model.add(MaxPooling2D(pool_size=(2,2)))
model.add(Dropout(0.3))

model.add(Conv2D(128, (3,3), padding='same',
kernel_regularizer=regularizers.l2(weight_decay)))
model.add(Activation('elu'))
model.add(BatchNormalization())
model.add(Conv2D(128, (3,3), padding='same',
kernel_regularizer=regularizers.l2(weight_decay)))
model.add(Activation('elu'))
model.add(BatchNormalization())
model.add(MaxPooling2D(pool_size=(2,2)))
model.add(Dropout(0.4))

model.add(Flatten())
model.add(Dense(num_classes, activation='softmax'))
```

正则化矩阵允许我们在网络优化期间的层参数上应用处罚（被合并于损耗函数中）。

在修改了这些代码后，仍然使用相对较少的迭代次数（64）和基础图像数据训练模型。如图 13-19 所示，准确率提高到了 83.57%。

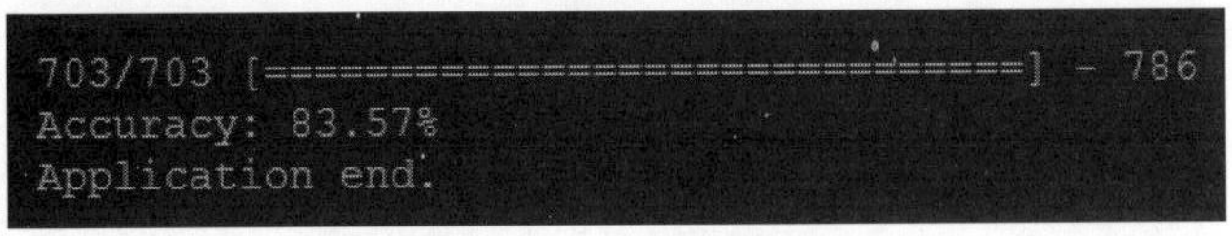

图 13-19　示例输出 4

通过更多迭代的训练，模型的准确率还可以提高至 90%或 91%左右。

13.3.2　DL4J 实现

第二个要实现的对象识别模型是在 Scala 中并涉及 DL4J 框架。我们仍然使用 CIFAR-10 数据集训练和评估模型。这个项目的依赖项是 DataVec 数据图像、DL4J、NN 和 ND4J，还需加上 Guava 19.0 和 Apache commons math 3.4。

如果查看 CIFAR-10 数据集的下载页面（如图 13-20 所示），可以看到针对 Python、MATLAB 和 C 语言的可用存档，但是没有 Scala 或 Java 的。

不用单独下载再转换为数据集给 Scala 应用程序使用，DL4J 数据集库提供了 org.deep learning4j.datasets.iterator.impl.CifarDataSetIterator 迭代器，以编程方式获取训练数据集和测试数据集，如下所示：

Download		
Version	**Size**	**md5sum**
CIFAR-100 python version	161 MB	eb9058c3a382ffc7106e4002c42a8d85
CIFAR-100 Matlab version	175 MB	6a4bfa1dcd5c9453dda6bb54194911f4
CIFAR-100 binary version (suitable for C programs)	161 MB	03b5dce01913d631647c71ecec9e9cb8

图 13-20　CIFAR-10 数据集的下载页面

```
val trainDataSetIterator =
                    new CifarDataSetIterator(2, 5000, true)
val testDataSetIterator =
                    new CifarDataSetIterator(2, 200, false)
```

CifarDataSetIterator 构造器需要三个参数：批次的数量、样本的数量和一个用于指定数据是训练（true）还是测试（false）的布尔值。

现在可以定义神经网络了。实现了一个函数配置这个模型，如下所示：

```
def defineModelConfiguration(): MultiLayerConfiguration =
    new NeuralNetConfiguration.Builder()
        .seed(seed)
        .cacheMode(CacheMode.DEVICE)
        .updater(new Adam(1e-2))
        .biasUpdater(new Adam(1e-2*2))
        .gradientNormalization(GradientNormalization.RenormalizeL2PerLayer)
.optimizationAlgo(OptimizationAlgorithm.STOCHASTIC_GRADIENT_DESCENT)
        .l1(1e-4)
        .l2(5 * 1e-4)
        .list
        .layer(0, new ConvolutionLayer.Builder(Array(4, 4), Array(1, 1),
Array(0, 0)).name("cnn1").convolutionMode(ConvolutionMode.Same)
.nIn(3).nOut(64).weightInit(WeightInit.XAVIER_UNIFORM).activation(Activatio
n.RELU)
        .biasInit(1e-2).build)
        .layer(1, new ConvolutionLayer.Builder(Array(4, 4), Array(1, 1),
Array(0, 0)).name("cnn2").convolutionMode(ConvolutionMode.Same)
.nOut(64).weightInit(WeightInit.XAVIER_UNIFORM).activation(Activation.RELU)
        .biasInit(1e-2).build)
        .layer(2, new SubsamplingLayer.Builder(PoolingType.MAX,
Array(2,2)).name("maxpool2").build())
        .layer(3, new ConvolutionLayer.Builder(Array(4, 4), Array(1, 1),
Array(0, 0)).name("cnn3").convolutionMode(ConvolutionMode.Same)
.nOut(96).weightInit(WeightInit.XAVIER_UNIFORM).activation(Activation.RELU)
        .biasInit(1e-2).build)
        .layer(4, new ConvolutionLayer.Builder(Array(4, 4), Array(1, 1),
Array(0, 0)).name("cnn4").convolutionMode(ConvolutionMode.Same)
.nOut(96).weightInit(WeightInit.XAVIER_UNIFORM).activation(Activation.RELU)
```

```
          .biasInit(1e-2).build)
      .layer(5, new ConvolutionLayer.Builder(Array(3,3), Array(1, 1),
    Array(0, 0)).name("cnn5").convolutionMode(ConvolutionMode.Same)
    .nOut(128).weightInit(WeightInit.XAVIER_UNIFORM).activation(Activation.RELU)
          .biasInit(1e-2).build)
      .layer(6, new ConvolutionLayer.Builder(Array(3,3), Array(1, 1),
    Array(0, 0)).name("cnn6").convolutionMode(ConvolutionMode.Same)
    .nOut(128).weightInit(WeightInit.XAVIER_UNIFORM).activation(Activation.RELU)
.biasInit(1e-2).build)
      .layer(7, new ConvolutionLayer.Builder(Array(2,2), Array(1, 1),
Array(0, 0)).name("cnn7").convolutionMode(ConvolutionMode.Same)
.nOut(256).weightInit(WeightInit.XAVIER_UNIFORM).activation(Activation.RELU)
          .biasInit(1e-2).build)
      .layer(8, new ConvolutionLayer.Builder(Array(2,2), Array(1, 1),
Array(0, 0)).name("cnn8").convolutionMode(ConvolutionMode.Same)
.nOut(256).weightInit(WeightInit.XAVIER_UNIFORM).activation(Activation.RELU)
          .biasInit(1e-2).build)
      .layer(9, new SubsamplingLayer.Builder(PoolingType.MAX,
Array(2,2)).name("maxpool8").build())
      .layer(10, new
DenseLayer.Builder().name("ffn1").nOut(1024).updater(new
Adam(1e-3)).biasInit(1e-3).biasUpdater(new Adam(1e-3*2)).build)
      .layer(11,new
DropoutLayer.Builder().name("dropout1").dropOut(0.2).build)
      .layer(12, new
DenseLayer.Builder().name("ffn2").nOut(1024).biasInit(1e-2).build)
      .layer(13,new
DropoutLayer.Builder().name("dropout2").dropOut(0.2).build)
      .layer(14, new
OutputLayer.Builder(LossFunctions.LossFunction.NEGATIVELOGLIKELIHOOD)
          .name("output")
          .nOut(numLabels)
          .activation(Activation.SOFTMAX)
          .build)
      .backprop(true)
      .pretrain(false)
      .setInputType(InputType.convolutional(height, width, channels))
      .build
```

这里所有需要考虑的事项与上一节中的模型实现完全一致。因此，我们跳过了中间的所有步骤，直接实现一个复杂的模型，如图 13-21 所示。

模型的细节见表 13-1。

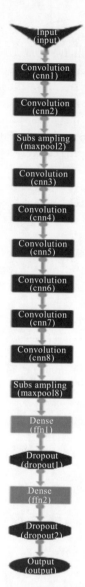

图 13-21　本示例模型的图形表示

表 13-1　模型细节

层类型	输入大小	层大小	参数计数	初始权重	更新器	激活函数
输入层						
卷积	3	64	3136	XAVIER_UNIFORM	Adam	ReLU
卷积	64	64	65600	XAVIER_UNIFORM	Adam	ReLU
二次抽样 （最大池化）						

层类型	输入大小	层大小	参数计数	初始权重	更新器	激活函数
卷积	64	96	98400	XAVIER_UNIFORM	Adam	ReLU
卷积	96	96	147552	XAVIER_UNIFORM	Adam	ReLU
卷积	96	128	110720	XAVIER_UNIFORM	Adam	ReLU
卷积	128	128	147584	XAVIER_UNIFORM	Adam	ReLU
卷积	128	256	131328	XAVIER_UNIFORM	Adam	ReLU
卷积	256	256	262400	XAVIER_UNIFORM	Adam	ReLU
二次抽样 （最大池化）						
全连接	16384	1024	16778240	XAVIER	Adam	Sigmoid
丢弃	0	0	0			Sigmoid
全连接	1024	1024	1049600	XAVIER	Adam	Sigmoid
丢弃	0	0	0			Sigmoid
输出	1024	10	10250	XAVIER	Adam	Softmax

接下来初始化这个模型，如下所示：

```
val conf = defineModelConfiguration
val model = new MultiLayerNetwork(conf)
    model.init
```

然后开始训练，如下所示：

```
val epochs = 10
    for(idx <- 0 to epochs) {
        model.fit(trainDataSetIterator)
    }
```

最后对其进行评估，如下所示：

```
val eval = new Evaluation(testDataSetIterator.getLabels)
    while(testDataSetIterator.hasNext) {
        val testDS = testDataSetIterator.next(batchSize)
        val output = model.output(testDS.getFeatures)
        eval.eval(testDS.getLabels, output)
    }
println(eval.stats)
```

我们这里实现的神经网络具有大量的隐藏层，但是根据上一节的建议（添加更多的层、进行数据增强和训练更多的迭代次数）能够极大地提高模型的准确性。

当然训练可以通过 Spark 完成。上述的代码需要做一定的修改，第 7 章中详细介绍了关于初始化 Spark 上下文、训练数据并行化、创建 TrainingMaster 和使用 SparkDl4jMultiLayer 实例进行训练的执行，如下所示：

```
// 初始化 Spark 上下文
val sparkConf = new SparkConf
sparkConf.setMaster(master)
.setAppName("Object Recognition Example")
val sc = new JavaSparkContext(sparkConf)
// 并行处理数据
val trainDataList = mutable.ArrayBuffer.empty[DataSet]
while (trainDataSetIterator.hasNext) {
trainDataList += trainDataSetIterator.next
}
val paralleltrainData = sc.parallelize(trainDataList)
// 创建 TrainingMaster
var batchSizePerWorker: Int = 16
val tm = new
    ParameterAveragingTrainingMaster.Builder(batchSizePerWorker)
    .averagingFrequency(5)
    .workerPrefetchNumBatches(2)
    .batchSizePerWorker(batchSizePerWorker)
    .build
    // 训练
    val sparkNet = new SparkDl4jMultiLayer(sc, conf, tm)
    for (i <- 0 until epochs) {
        sparkNet.fit(paralleltrainData)
        println("Completed Epoch {}", i)
    }
```

13.4 小结

在回顾了卷积的概念与对象识别策略的分类后，在本章使用了不同的语言（Python 和 Scala）和不同的开源框架（第一个例子是 Keras 和 TensorFlow，第二个例子是 DL4J、ND4J 和 Spark）以实践的方式实现和训练了 CNN 模型进行对象识别。

在第 14 章将会实现一个完整的图像分类 Web 应用，它基于 Keras、TensorFlow、DL4J、ND4J 和 Spark 的组合。

第 *14* 章

图像分类

在第 13 章中，先快速回顾了卷积的概念，之后通过 Python（Keras）和 Scala（DL4J）的示例熟悉了更多关于对象识别的策略和实现的细节。本章将包含完整的图像分类 Web 应用或 Web 服务的实现，目的是向你演示如何将第 13 章的概念应用到端到端的分类系统中。

为达到此目的有以下几个步骤：

- 选用一个合适的 Keras（使用 TensorFlow 后端）预训练 CNN 模型。
- 在 DL4J（和 Spark）中加载并测试它。
- 了解如何在 Spark 上重新训练 Python 模型。
- 使用它实现一个图像分类的 Web 应用程序。
- 使用它实现一个替代图像分类的 Web 服务。

在学习使用深度学习的场景中，本书之前章节所涉及的所有开源技术都将在这里被调用并解释实现的过程。

14.1　实现一个端到端图像分类 Web 应用程序

使用本书前面章节中学到的所有知识，现在能够实现一个真正的 Web 应用程序，其允许用户上传图像，然后对上传图像进行适当的分类。

14.1.1　选用一个合适的 Keras 模型

接下来使用一个现有的、预先训练过的 Python Keras CNN 模型。Keras 应用程序（https://Keras.io/applications/）是一组深度学习模型，它们是具有预训练权重的框架中的一部分。在这些模型中，由牛津大学的视觉几何小组于 2014 年实现的 16 层 CNN 模型，称之为 VGG16，此模型与 TensorFlow 后端兼容。它已经在 ImageNet 数据集（http://www.image-net.org/）上进行了训练。ImageNet 数据集对于常规图像分类来说是出色的训练集，但不适用于面部识别的模型训练。这里有在 Keras 中加载和使用 VGG16 模型的方法，我们使用的是 TensorFlow 后端。接下来先导入模型：

```
from keras.applications.vgg16 import VGG16
```

然后，需要导入其他必要的依赖项（包括 NumPy 和 Pillow）：

```
from keras.preprocessing import image
from keras.applications.vgg16 import preprocess_input
import numpy as np
from PIL import Image
```

现在可以创建一个模型实例：

```
model = VGG16(weights='imagenet', include_top=True)
```

当我们第一次运行此应用程序时，将会自动下载预训练过的权重。连续运行的话将会从本地的~/.keras/models/中直接获取权重。

模型结构如图 14-1 所示。

我们可以通过加载图像来测试这个模型：

```
img_path = 'test_image.jpg'
img = image.load_img(img_path, target_size=(224, 224))
```

接下来可以准备将其作为输入传递给模型（通过将图像像素转换为 NumPy 数组并对它进行预处理）：

```
x = image.img_to_array(img)
x = np.expand_dims(x, axis=0)
x = preprocess_input(x)
```

```
FMA

Layer (type)                 Output Shape              Param #
=================================================================
input_1 (InputLayer)         (None, None, None, 3)     0
block1_conv1 (Conv2D)        (None, None, None, 64)    1792
block1_conv2 (Conv2D)        (None, None, None, 64)    36928
block1_pool (MaxPooling2D)   (None, None, None, 64)    0
block2_conv1 (Conv2D)        (None, None, None, 128)   73856
block2_conv2 (Conv2D)        (None, None, None, 128)   147584
block2_pool (MaxPooling2D)   (None, None, None, 128)   0
block3_conv1 (Conv2D)        (None, None, None, 256)   295168
block3_conv2 (Conv2D)        (None, None, None, 256)   590080
block3_conv3 (Conv2D)        (None, None, None, 256)   590080
block3_pool (MaxPooling2D)   (None, None, None, 256)   0
block4_conv1 (Conv2D)        (None, None, None, 512)   1180160
block4_conv2 (Conv2D)        (None, None, None, 512)   2359808
block4_conv3 (Conv2D)        (None, None, None, 512)   2359808
block4_pool (MaxPooling2D)   (None, None, None, 512)   0
block5_conv1 (Conv2D)        (None, None, None, 512)   2359808
block5_conv2 (Conv2D)        (None, None, None, 512)   2359808
block5_conv3 (Conv2D)        (None, None, None, 512)   2359808
block5_pool (MaxPooling2D)   (None, None, None, 512)   0
=================================================================
Total params: 14,714,688
Trainable params: 14,714,688
Non-trainable params: 0
```

图 14-1　模型结构

接着进行预测：

```
features = model.predict(x)
```

最后，要保存模型配置（以 JSON 格式）：

```
model_json = model.to_json()
    with open('vgg-16.json', 'w') as json_file:
        json_file.write(model_json)
```

还可以保存想要导入 DL4J 中的模型权重：

```
model.save_weights("vgg-16.h5")
```

然后，将图 14-2 的图像作为输入传递到模型中。

这个图像的正确分类为虎斑猫，正确的可能性为 64% 左右。

图 14-2　虎斑猫

14.1.2　在 DL4J 中导入和测试模型

在第 10 章中，学习了如何导入预训练 Keras 模型到 DL4J 中。让我们在这里应用相同的过程。Scala 项目的依赖项是 DL4J DataVec、NN、model import、zoo、ND4J 与 Apache common math 3。

首先要做的是复制模型配置（来自 vgg-16.json 文件）和权重（来自 vgg-16.h5 文件）至项目的资源文件夹中。然后可以通过 KerasModelImport 类的 importKerasModelAndWeights 方法加载它们。

```
val vgg16Json = new ClassPathResource("vgg-16.json").getFile.getPath
val vgg16 = new ClassPathResource("vgg-16.h5").getFile.getPath
val model = KerasModelImport.importKerasModelAndWeights(vgg16Json, vgg16, false)
```

第三个传递给该方法的参数是布尔值。如果值为 false，则意味着预训练模型被导入后仅用作推理，不会被重新训练。让我们使用图 14-2 的图像测试模型。需要将它复制到应用程序的资源目录中。然后，加载它并调整它至所需的大小（224×224 像素）：

```
val testImage = new ClassPathResource("test_image.jpg").getFile
val height = 224
val width = 224
val channels = 3
val loader = new NativeImageLoader(height, width, channels)
```

因此，我们使用 DataVec 图像 API 的 NativeImageLoader 类（https://jar-download.com/javaDoc/org.datavec/datavec-data-image/1.0.0-alpha/org/datavec/image/loader/NativeImageLoader.html）。然后，需要将图像转换为 INDArray 并对其进行预处理：

```
val image = loader.asMatrix(testImage)
    val scaler = new VGG16ImagePreProcessor
    scaler.transform(image)
```

之后，需要通过模型进行推断：

```
val output = model.output(image)
```

要以人们可读的格式使用其结果，可以使用 org.deeplearning4j.zoo.util.imagenet. ImageNetLabels 类，它可以在 DL4J 的 zoo 库中获得。此类的 decodePredictions 方法的输入是从模型的输出（output）方法中返回的 INDArray 数组：

```
val imagNetLabels = new ImageNetLabels
    val predictions = imagNetLabels.decodePredictions(output(0))
    println(predictions)
```

上一段代码的输出如图 14-3 所示。它显示了上传图像的预测结果（按降序排列）。根据该模型，输入图片中的对象的是虎斑猫（tabby）的最大可能性约为 53.3%。

```
Predictions for batch  :
        53.297222%, tabby
        24.008511%, Egyptian_cat
        20.766859%, tiger_cat
        0.767307%, lynx
        0.208587%, bow_tie
--- Application end.---
```

图 14-3　输出结果

你应该已经注意到了，当模型被导入后，导入图像和通过 DL4J API 进行推断的步骤与上一节介绍的 Keras 示例中是相同的。在模型测试完成后，最好使用 ModelSerializer 类将其保存：

```
val modelSaveLocation = new File("Vgg-16.zip")
ModelSerializer.writeModel(model, modelSaveLocation, true)
```

然后可以通过同样的类加载它，因为从资源消耗的角度来看，它比从 Keras 中加载要更加节约。

14.1.3　在 Spark 中重新训练模型

为了提高本章中探讨过的 Keras VGG16 预训练模型的准确性，我们还可以重新训练它并应用在第 13 章中学过的所有最佳练习方式（运行更多迭代、图像增强等）。当模型被导入 DL4J 后，就可以像第 7 章一样进行训练（使用 DL4J 和 Apache Spark 进行训练）。加载后，会创建一个 org.deeplearning4j.nn.graph.ComputationGraph 实例，所以与训练多层神经网络完全相同的原则在这里也适用。

为了确保信息的完整性，必须了解在 Spark 上也可以以并行模式训练 Keras 模型。这可以通过由**分布式深度学习**（Distributed Deep Learning，DLL）创建的 dist-keras Python 框架（https://github.com/cerndb/dist-keras/）实现。这个框架可以通过 pip 安装：

```
sudo pip install dist-keras
```

它需要 TensorFlow（将被用作后端）并设置以下参数：

```
export SPARK_HOME=/usr/lib/spark
export PYTHONPATH="$SPARK_HOME/python/:$SPARK_HOME/python/lib/py4j-0.9-
src.zip:$PYTHONPATH"
```

让我们快速浏览一下使用 dist-keras 进行分布式训练的典型流程。以下代码不是一个完整的示例，这里的目标是让你了解如何设置并行的数据训练。

首先，需要导入 Keras、PySpark、Spark MLLib 和 dist-keras 所需的所有类。我们将会先导入 Keras：

```
from keras.optimizers import *
from keras.models import Sequential
from keras.layers.core import Dense, Dropout, Activation
```

然后导入 PySpark：

```
from pyspark import SparkContext
from pyspark import SparkConf
```

接下来导入 Spark MLLib：

```
from pyspark.ml.feature import StandardScaler
from pyspark.ml.feature import VectorAssembler
from pyspark.ml.feature import StringIndexer
from pyspark.ml.evaluation import MulticlassClassificationEvaluator
from pyspark.mllib.evaluation import BinaryClassificationMetrics
```

最后导入 dist-keras：

```
from distkeras.trainers import *
from distkeras.predictors import *
from distkeras.transformers import *
from distkeras.evaluators import *
from distkeras.utils import *
```

接下来创建 Spark 配置，如下所示：

```
conf = SparkConf()
conf.set("spark.app.name", application_name)
conf.set("spark.master", master)
conf.set("spark.executor.cores", num_cores)
conf.set("spark.executor.instances", num_executors)
conf.set("spark.locality.wait", "0")
conf.set("spark.serializer",
"org.apache.spark.serializer.KryoSerializer");
```

可以使用它创建一个 SparkSession：

```
sc = SparkSession.builder.config(conf=conf) \
    .appName(application_name) \
    .getOrCreate()
```

当前的数据集如下所示：

```
raw_dataset = sc.read.format('com.databricks.spark.csv') \
                        .options(header='true',
inferSchema='true').load("data/some_data.csv")
```

可以使用 Spark 内核和 Spark MLLib 提供的 API 对此数据集执行数据预处理和标准化（此策略取决于数据集的性质，因此在此处显示的代码是没有任何意义的）。当此阶段完成后，可以使用 Keras KPI 定义我们的模型。

这里是一个简单的 Sequential 模型示例：

```
model = Sequential()
model.add(Dense(500, input_shape=(nb_features,)))
model.add(Activation('relu'))
model.add(Dropout(0.4))
model.add(Dense(500))
model.add(Activation('relu'))
model.add(Dense(nb_classes))
model.add(Activation('softmax'))
```

最后，可以通过选择 dist-keras 可用的多种优化算法中的一个开始训练的过程：

- Sequential trainer
- ADAG
- Dynamic SDG
- AEASGD
- AEAMSGD
- DOWNPOUR
- Ensemble training
- Model averaging

虽然此列表后面的那些有更高的性能，但是首先 SingleTrainer 通常用作基准 trainer。在数据集太大而无法容纳内存的情况下，它可能是一个不错的 trainer 选择。下面是一个使用 SingleTrainer 进行训练的代码示例：

```
trainer = SingleTrainer(keras_model=model, worker_optimizer=optimizer,
                        loss=loss, features_col="features_normalized",
                        label_col="label", num_epoch=1, batch_size=32)
trained_model = trainer.train(training_set)
```

14.1.4 Web 应用的实现

接下来回到我们的主要任务中，开始实现一个 Web 应用。它允许用户上传一个图片，然后使用序列化 VGG16 模型对其进行判断。一些已有的 JVM 框架可以用来实现 Web 应用。在本例中，为了最小化我们的工作量，我们将会使用 SparkJava（http://sparkjava.com/，注意不要与 Apache Spark 混淆）。它是由 JVM 编程语言制作的微框架，用于快速记住原型样品。与其他 Web 框架相比，其拥有最小的样板文件。SparkJava 不仅仅适用于 Web 应用程序，它可能只需要很少的代码就能实现 REST API（在下一节中介绍，用来实现我们的图像分类 Web 服务）。

我们必须将 SparkJava 添加至这个 Web 应用的 Java 项目依赖项列表内：

```
groupId: com.sparkjava
artifactId: spark-core
version: 2.7.2
```

本示例使用的版本是 2.7.2（撰写本书时的最新版本）。

它最简单的实施方式是，使用 main 方法可以将 SparkJava Web 应用制作成一行代码：

```
get("/hello", (req, res) -> "Hello VGG16");
```

运行此应用程序，可以通过以下 URL 访问 hello 页面：

```
http://localhost:4567/hello
```

4567 是 SparkJava Web 应用的默认端口。

SparkJava 应用程序的主要构成块是路由。路由分为三部分：一个动词（get、post、put、delete、head、trace、connect 和 options 是可用的动词）、一个路径（是上面代码示例中的/hello）和一个回调(request 或 response)。JavaSpark API 也包含会话、cookies、过滤器、重定向和自定义错误处理的类。

让我们开始实施 Web 应用。该项目的其他依赖项包括 DL4J core、DataVec、NN、模型导入、zoo 以及 ND4J。我们需要将 DL4J 序列化模型（Vgg-16.zip 文件）添加到项目的资源文件夹中。然后可以通过 ModelSerializer 类以编程方式加载此模型：

```
ClassLoader classLoader = getClass().getClassLoader();
    File serializedModelFile = new
File(classLoader.getResource("Vgg-16.zip").getFile());
    ComputationGraph vgg16 =
ModelSerializer.restoreComputationGraph(serializedModelFile);
```

我们需要创建一个用于上传来自用户图像的目录：

```
File uploadDir = new File("upload");
uploadDir.mkdir();
```

下一步是创建表单，用户可以在其中上传图像。在 SparkJava 中，可以自定义网页样式。在此示例中我们将添加响应 Foundation 6 框架（https://foundation.zurb.com/）CSS，添加最小的 Foundation CSS 库（foundation-float.min.css）到项目资源文件夹内名为 public 的子目录中。如此一来，Web 应用程序就可以在类路径中访问它了。注册静态文件的位置可以通过编程来操作：

```
staticFiles.location("/public");
```

Foundation CSS 和其他任何静态的 CSS 文件都可以在页面的头文件中被注册。下面是这个例子中的实现方法：

```
private String buildFoundationHeader() {
        String header = "<head>\n"
                + "<link rel='stylesheet' href='foundation-float.min.css'>\n"
                + "</head>\n";
        return header;
}
```

现在实现一个名为 buildUploadForm 的方法，该方法返回它的 HTML 内容：

```
private String buildUploadForm() {
        String form =
            "<form method='post' action='getPredictions'
enctype='multipart/form-data'>\n" +
            " <input type='file' name='uploadedFile'>\n" +
            " <button class='success button'>Upload picture</button>\n" +
            "</form>\n";
        return form;
}
```

接下来根据已定义的路由上传此页面：

```
String header = buildFoundationHeader();
String form = buildUploadForm();
get("Vgg16Predict", (req, res) -> header + form);
```

定义 post 需求：

```
post("/doPredictions", (req, res))
```

我们这样做的目的是处理图像上传和分类。在此 post 请求的主体中，必须采取以下行动：
（1）上传图像文件至上传目录。
（2）将图像转换为 INDArray。
（3）删除此文件（转换后无须将其保留在 Web 服务器中）。
（4）预处理该图像。
（5）进行推断。
（6）显示结果。

当转换为 Java 时，如下所示：

```
// 上传图像文件
Path tempFile = Files.createTempFile(uploadDir.toPath(), "", "");
req.attribute("org.eclipse.jetty.multipartConfig", new
MultipartConfigElement("/temp"));
try (InputStream input =
req.raw().getPart("uploadedFile").getInputStream()) {
Files.copy(input, tempFile, StandardCopyOption.REPLACE_EXISTING);
}
// 转换文件为 INDArray
File file = tempFile.toFile();
NativeImageLoader loader = new NativeImageLoader(224, 224, 3);
INDArray image = loader.asMatrix(file);
// 删除物理文件
file.delete();
// 为 VGG-16 模型准备好预处理的图像
DataNormalization scaler = new VGG16ImagePreProcessor();
scaler.transform(image);
// 执行推断
INDArray[] output = vgg16.output(false,image);
// 获取预测
ImageNetLabels imagNetLabels = new ImageNetLabels();
String predictions = imagNetLabels.decodePredictions(output[0]);
// 返回结果
return buildFoundationHeader() + "<h4> '" + predictions + "' </h4>" +
"Would you like to try another image?" +
form;
```

你会注意到通过 DL4J 做的图像准备和推理部分与独立的应用程序完全相同。

启动此应用程序后，可以通过以下 URL 进行访问：

```
http://localhost:4567/Vgg16Predict
```

可以通过编程设置其他的监听端口：

```
port(8998);
```

上传页面的布局样式如图 14-4 所示。

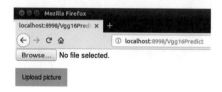

图 14-4　上传页面布局

如图 14-5 所示为已经上传的所需图像。

图 14-5　上传的所需图像

其结果如图 14-6 所示。

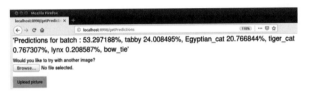

图 14-6　上传结果

14.1.5　实现网络服务

正如上一小节所述，SparkJava 可以用于快速实施 REST API。上一节中实现的 Web 应用示例是完整统一的，但是当我们回看它的源代码，可以发现将前端与后端分离并将其移至 REST API 是多么容易。

前端客户端显示出一个提交图像的表单，可以通过任意 Web 前端框架实现。然后客户端将通过 SparkJava 实现调用 REST 服务，它使用 VGG16 模型执行推断，而且最后会返回 JSON 格式的预测结果。让我们来看看从 Web 应用的现有代码中实现这个服务是多么轻松。

此 Web 服务是一个 Java 类，其主要方式是作为入口点。让我们来自定义监听端口：

```
port(8998);
```

现在已经完成了这一步，接下来我们需要定义 upload 端点：

```
post("/upload", (req, res) -> uploadFile(req));
```

需要将原始 post 主体中的代码移到 uploadFile 方法中（唯一的区别是返回值，它仅是预测内容，而不是完整的 HTML 内容）：

```
private String uploadFile(Request req) throws IOException, ServletException
{
    // 上传图像文件
    Path tempFile = Files.createTempFile(uploadDir.toPath(), "", "");
```

```
    req.attribute("org.eclipse.jetty.multipartConfig", new
MultipartConfigElement("/temp"));
    try (InputStream input = req.raw().getPart("file").getInputStream()) {
    Files.copy(input, tempFile, StandardCopyOption.REPLACE_EXISTING);
    }
    // 转换文件为 INDArray
    File file = tempFile.toFile();
    NativeImageLoader loader = new NativeImageLoader(224, 224, 3);
    INDArray image = loader.asMatrix(file);
    // 删除物理文件
    file.delete();
    // 为 VGG-16 模型准备好预处理的图像
    DataNormalization scaler = new VGG16ImagePreProcessor();
    scaler.transform(image);
    // 执行推断
    INDArray[] output = vgg16.output(false,image);
    // 获取预测
    ImageNetLabels imagNetLabels = new ImageNetLabels();
    String predictions = imagNetLabels.decodePredictions(output[0]);
    // 返回结果
    return predictions;
}
```

运行此应用程序后,可以轻松地使用 curl(https://curl.haxx.se/)命令测试它:

```
curl -s -X POST http://localhost:8998/upload -F
'file=@/home/guglielmo/dlws2/vgg16/src/main/resources/test_image-02.jpg'
```

其输出如图 14-7 所示。

图 14-7   示例输出 1

如果希望返回的输出结果是 JSON 格式的,仅需要对 Web 服务中一项进行以下修改:

```
Gson gson = new Gson();
post("/upload", (req, res) -> uploadFile(req), gson::toJson);
```

仅需要创建一个 com.google.gson.Gson 实例并将其作为 post 方法的最后一个传递参数。
这个示例的输出如图 14-8 所示。

图 14-8　示例输出 2

14.2　小结

在本章中，通过将本书前几章中已经熟悉的几个开源框架组合在一起，实现了第一个端到端的图像分类 Web 应用程序。读者现在应该已经具备所有关于构建块的知识，使用 Scala 和/或 Python 与 DL4J 和/或 Keras 或 TensorFlow 开始他们自己的深度学习模型或应用程序。

本书的动手环节就到本章为止了。接下来的第 15 章将会讨论深度学习和人工智能的未来，重点关注 DL4J 和 Spark。

第 *15* 章

深度学习的下一步是什么

最后一章将尝试概述深度学习和更广义的人工智能的未来前景。

本章主要包含以下内容：

- 深度学习和人工智能。
- 热点主题。
- Spark 和**强化学习**（Reinforcement Learning，RL）。
- DL4J 对**生成式对抗网络**（Generative Adversarial Networks，GAN）的支持。

技术的快速发展不仅加快实现了已有的人工智能理念，还在这个领域创造了在一两年前难以想象的新机会。每天，人工智能都会在不同的领域发现新的实际应用，并从根本上改变我们在这些领域内的商业模式。因此，在这里我们不可能涵盖所有的范围，所以我们将重点关注一些我们直接或间接参与的特定的环境或领域。

15.1　深度学习和人工智能的下一步是什么

　　正如前面提到过的，技术每天都在进步，可用性的增长也更好，而且同一时间的计算能力更便宜了，数据的可用性也越来越强，这推动了更深入和更复杂的模型的实现。因此，此时深度学习和人工智能的极限似乎已经突破天际。尝试理解我们对这些领域的期望是一种推测，它可以帮助我们清楚地了解在短期内（2～3 年）会发生什么。但接下来会发生什么也是难以预测的，正如我们所观察到的，在这个领域的任何新的想法都会带来其他更多的想法，并从根本上改变一些领域的运行方式。所以，本节将要描述的是短期的未来，而不是长远的前景。

　　深度学习在塑造人工智能的前景方面发挥了关键作用。在一些领域，深度学习已经优于机器学习，如图像分类和识别、目标检测和自然语言处理。但是这并不意味着机器学习算法已经过时。对于某些特定的问题，使用深度学习可能太过度，而机器学习仍然足以应对。在其他的一些相对复杂的情况中，算法的组合（深度学习和非深度学习）已经展现了显著的效果。一个完美的例子就是 DeepMind 团队的 AlphaGo 系统（https://deepmind.com/research/alphago/），该系统结合使用了蒙特卡罗树搜索（Monte Carlo tree search，MCTS，http://mcts.ai/about/），通过深度学习网络快速搜索获胜的手法。深度学习的这一巨大进步也带来了其他更复杂和先进的技术，如强化学习（RL）和生成式对抗网络（GAN），它们将在本章的最后两个小节进行讨论。

　　然而，尽管算法和模型目前取得了令人难以置信的快速进展，但在获取数据并将其转换为机器智能前，仍有许多阻碍需要人工干预（和额外的时间）来消除它们。正如谷歌公司的一个研究小组在论文《隐藏在机器学习系统中的技术债务》（*Hidden Technical Debt in Machine Learning Systems*）中所讨论的那样，在深度学习和机器学习系统中，数据依赖的成本难以检测，而且很容易变得高于代码依赖的成本。图 15-1 来自这篇谷歌研究论文，展示了机器学习或深度学习代码中依赖关系与系统中其他依赖关系的比例。

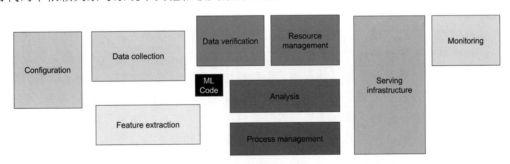

图 15-1　现实场景中的机器学习/深度学习系统只有一小部分由机器学习代码组成

　　你可以从图 15-1 中看到，数据收集（Data cdlection）和服务基础设施（Serving infrastructure）的部署与运维比模型的实现和培训要花费更多的时间和金钱。因此，我希望这些任务在自动化方面可以显著地改善。

15.2　关注的主题

在过去的几个月里，开始了一个关于可解释人工智能的辩论，这种人工智能并不是一种黑匣子（我们仅了解其基本的数学原理），人类可以轻松理解它的行为和决策。批判的观点（一般是针对人工智能，但主要是指深度学习）是模型所生成的结果不符合**通用数据保护法**（General Data Protection Regulation，GDPR，https://ec.europa.eu/commission/Priorities/justice-and-fundamentalrights/data-protection/2018-reform-eu-data-protection-rules_en），欧盟和世界其他地方所定义的数据法规要求获得解释的权力，以防止基于不同因素的歧视性影响。

虽然这是一个热点且不容忽视的话题，而且已经有了几个有趣的分析和建议（如 https://www.academia.edu/18088836/Defeasible_Reasoning_and_Argument-Based_Systems_in_Medical_Fields_An_Informal_Overview）。都柏林理工大学 Luca Longo 博士（https://ie.linkedin.com/in/drlucalongo）所介绍的深度学习应用程序将被限制在非业务应用程序和游戏上面的时候，我（这本书的读者也可能）有机会听到了一些其他人关于预测深度学习的未来不好的意见和观点。在本节中，我将不针对该观点发表任何评论，其通常更多的基于观点而非事实，而且有时是由未完全参与深度学习或机器学习领域研究项目的人员提出的。取而代之的是，我更倾向于列出在一段时间内仍然可以有效使用的深度学习程序清单。

医疗保健是人工智能和深度学习可以拥有大量实际应用的行业之一。Optum（https://www.optum.com/）作为联合健康集团的一家技术公司，已经完成了作为医疗保健业务整体战略转型的一部分，在 NLP 应用于多个用例中时取得了显著的成果。人工智能理解结构化和非结构化数据的能力在病例审查中起着至关重要的作用（其中大部分都是非结构化的数据）。Optum 所谓的临床智慧 NLP 可以解锁非结构化内容以获得结构化数据元素，如诊断、程序、药物、实验室等，这些完整而准确地组成了临床文档。

非结构化数据通过 NLP 技术被自动检索，并对传统临床模型和规则引擎的结构化数据进行补充。这种自动化水平准确地识别判断，并根据相关条件和规程实现提供的护理，但是它也必须定义适当的报销、质量计划和其他冠军的医疗操作。但是，理解文档中记录了哪些内容只是 NLP 在医疗保健领域中的一部分价值。临床智能 NLP 技术可以识别文档之间的偏差，它不仅可以理解被记录的内容，还可以推断遗失的内容。这样一来，临床医生可以得到有价值的反馈帮助他们改善文档。Optum 中的其他优秀的人工智能应用还涉及支付完整性、简化人口分析和呼叫中心。

另一个在人工智能领域中的热点话题是机器人技术。从技术上来说它是一个独立的分支，但与人工智能有许多重叠之处。深度学习与 RL 的进步解决了机器人技术中的一些问题。机器人的定义首先是可以感知，然后进行计算传感器的输入，最后根据这些计算的结果进行行动。人工智能让它们脱离了工业化的一步步重复的模型并使它们变得更智能。

在这个方向上的一个完美示例来自德国初创公司 Kewazo（https://www.kewazo.com/）。他们已经实现了一个智能机器人脚手架运输系统，它解决了一系列问题，如人员不足、高效、高开销、耗时行为以及工人安全。人工智能已经可以帮助他们实现一个机器人系统，它通过实时交付整个脚手架编译过程的数据，可以进行持续的控制和有效的优化或调整。人工智能还帮助 Kewazo 工程师定义了其他用例，如屋顶或太阳能电池板的安装，他们的机器人可以在这些用例上工作并帮助实现与脚手架编译相同的结果。

物联网（IoT）是人工智能日益普及的另一个领域。物联网基于这个概念：日常使用的物理设备连接到 Internet，并且可以相互通信交换数据。所收集的数据可以进行智能处理，以使设备更加智能。由于连接设备的数量快速增长（以及其生成的数据），因此连接人工智能和 IoT 用例的数量也一直在增长。

这些用例中，我要介绍人工智能在智能建筑中的潜力。在过去的 5 年中爱尔兰经济快速增长，由于行业的推动，如 IT、银行、金融和制药，该地区发生了根本性的转变。目前我所工作的地方，位于都柏林市中心，在都克兰码头和大运河码头之间。为了解决新公司或公司扩展对办公空间不断增长的需求，已经建立了数百座新建筑（还会建立更多）。所有这些新建筑都使用了一些人工智能并结合了 IoT，使其更智能化。在以下领域取得了显著的成果：

● 使建筑对于人类居住更加舒适。
● 让建筑对于人们更加安全。
● 节约能源（和保护环境）。

传统的控制器（用于温度、灯光、门等）使用有限数量的传感器实现自动调整设备以达到最终稳定的结果。这种模式曾经忽略了一件重要的事情：建筑物是被人占有的，但是无论是否有人在，它们受到的控制都是一样的。这意味着这些没有考虑人们的舒适度或节约能源之类的问题。IoT 与人工智能的结合可以增加这一关键部分的缺失。因此，建筑物可以拥有优先级，而不仅仅是遵循严格的编程范式。

另外一个 IoT 和人工智能有趣的实际用例是农业。农业部门（尤其是乳制品）是爱尔兰 GDP 的重要组成部分，在爱尔兰的出口中有着不可忽视的影响力。农业同时面临新的与旧的挑战，例如，在同一亩土地上生产更多的食物、满足严格的排放要求、保护种植园免受虫害影响等。将气候和全球气候变化考虑上的话，还要控制水流、监控广泛的果园、扑灭大火、检测土壤质量、检测动物健康等。这意味着农民不能仅仅依靠传统的做法，人工智能、IoT 和具有物联网功能的传感器目前正在帮助他们解决刚刚提到的挑战和许多其他挑战。爱尔兰已经有了许多智能化农业的实际应用（其中一些在 Predict 2018 大会上进行了展示，https://www.tssg.org/projects/precision-dairy/），在 2019 年有更多。

谈到人工智能和 IoT，边缘分析是另一个热门话题。边缘分析是通过中心化方式执行的传统大数据分析的替代方法，它对系统中非中心节点的数据进行分析，如连接的设备或传感器。在工业 4.0（https://en.wikipedia.org/wiki/Industry_4.0）的领域内，边缘分析的几种实际应用目前已经就位，但不仅限于此。在生成数据时对其进行分析，可以减少所连接的设备在决策过程中的等待时间。

想象一下这样一种情况：制造系统某个节点的传感器数据在某个特定部分可能出现了错误，机器学习或深度学习算法中的规则在网络边缘自动分析数据，可以关闭机器并发送警告至运维管理端，以便及时更换零件。相比于将数据传输到一个集中的数据位置再进行处理和分析，这种方式可以节省大量时间，并减少意外停机的风险。

边缘分析还有扩展性方面的优势。在连接设备不断增加（生成和收集到的数据也增加）组织的情况中，通过将算法推送至传感器，则有可能减轻企业数据管理和中心化分析的处理压力。在这个领域中有一些十分有前途的开源项目值得去关注。其中一个就是 DL4J，它的可移动特性允许在安卓设备上进行多层神经网络模型定义、训练和推演（暂不支持其他移动平台，而安卓设备是一个必然之选，因为它是一个 JVM 的 DL4J 框架）。TensorFlow Lite（https://www.tensorflow.org/lite/）以低延迟和占用小的二进制大小可用于一些移动平台（安卓、iOS 和其他平台）和嵌入式设备。最新发布的 StreamSets 边缘数据收集器（https://streamsets.com/products/sdc-edge）允许你在设备（支持的操作系统：Linux、Android、iOS、Windows 和 MacOS）中开启高级分析和机器学习（TensorFlow）。我希望开源的世界在这方面能有更多贡献。

深度学习的兴起导致研究人员开发出了可以直接实现神经网络架构的硬件芯片。他们的宗旨是在硬件级别上模仿人类的大脑。在传统的芯片中，数据是在 CPU 和存储块之间传输的，而在神经形态的芯片中，数据同时在芯片中处理和存储，并且在需要的时候可以生成突触。第二种方法不会过度浪费时间且节省能源。因此，未来的人工智能相比于 CPU 或 GPU，最有可能是基于神经形态的。人脑可以用极少的能量如闪电般的速度处理复杂的计算，约有 1000 亿个神经元密集地集中在极小的体积中。在过去的几年里出现过一些受大脑所启发的算法，这些算法可以做到人脸识别、模仿声音、玩游戏等。但是软件只是整个大局的一部分。我们最先进的计算机无法真正运行这些强大的算法，那就是神经计算处理游戏的时候。

本节所介绍的场景已经可以确认，在考虑 GDPR 或其他数据法规的时候，深度学习和人工智能绝对不会被限制用于无用的应用程序。

15.3　Spark 准备好使用 RL 了吗

通过本书，我们了解到深度学习如何处理计算机视觉、自然语言处理和时间序列预测中的一些问题。深度学习与 RL 的这种组合可以实现更不可思议的应用程序解决更复杂的问题。但什么是 RL？这是机器学习的一种特定领域，代理必须采取行动以在给定的环境中获得最大的回报。强化一词来自这种学习的过程，与之相似之处就像孩子通过糖果获得激励时一样，RL 算法在作出正确的决策时会得到奖励，而在作出错误决策时会受到惩罚。RL 与监督学习不同，在监督学习中，训练数据会附带答案键，然后使用正确的答案训练模型。而在 RL 中，代理决定如何执行给定的任务，如果没有可用的训练数据集，它们则尝试根据它们的经验进行学习。

RL 的主要实际应用之一是在计算机游戏（目前最著名的成果来自 Alphabet 的 DeepMind 团队的 AlphaGo（https://deepmind.com/research/alphago/），但是它也可以被应用于其他的领域，如机器人、工业自动化、聊天机器人系统、自动驾驶汽车、数据处理等。

让我们先看一下 RL 的基础知识，然后再了解 Apache Spark 对它的支持以及它可以成为什么？下面是它的主要概念。

- **代理**：是执行行动的算法。
- **行动**：是代理可能采取的行动之一。
- **折扣因子**：量化重要性在即时奖励与未来奖励之间的差异。
- **环境**：是代理在其中移动的世界。环境将代理的当前状态和行动作为输入。它返回代理奖励和下一个状态作为输出。
- **状态**：是代理发现自己的具体情况。
- **奖励**：是可以用来测量代理行为（从一种状态过渡到另一种状态）的成功或失败的反馈。
- **策略**：代理根据当前状态确定其下一步行动所遵循的策略。
- **值**：是在给定策略下当前状态的预计长期回报。
- **Q 值**：类似于值，但也额外考虑了账户的当前行动。
- **轨迹**：是一系列影响它们的状态和动作。

我们可以将 RL 总结如图 15-2 所示。

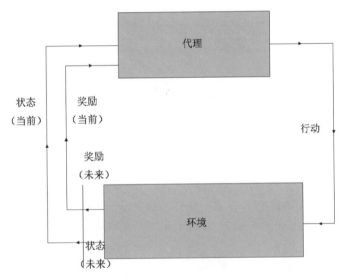

图 15-2　RL 反馈循环

知名的吃豆人电子游戏（https://en.wikipedia.org/wiki/Pac-Man）就是一个很好的可以解释这些概念的例子，游戏界面如图 15-3 所示。

在这个场景中，代理是吃豆人角色，其目标是吃掉迷宫中的所有食物且避开试图杀死它的幽灵们。迷宫是代理的环境。它会因为进食而获得奖励，被幽灵杀死时获得惩罚（游戏结束）。状态是代理在迷宫中的位置。总共积累的奖励是代理赢得游戏并进入下一等级。在开始探索后，吃豆人（代理）可能会在迷宫的四个角找到四个强力药丸中的一个（使它可以对幽灵无敌），并决定花费所有的无敌期间的时间探索迷宫的一小部分，而不会去其他环境追求更大的奖励。为了制定一个优化的策略，代理面临探索新状态的困境同时又要最大化其回报。这样一来，他将错过最终奖励（移至下一个级别）。这称为探勘与开采的权衡。

图 15-3　吃豆人游戏

RL 最流行的算法是**马尔可夫决策过程**（Markov Decision Process，MDP，`https://en.wikipedia.org/wiki/Markov_decision_process`）、**Q-learning**（`https://en.wikipedia.org/wiki/Q-learning`）和 **A3C**（`https://arxiv.org/pdf/1602.01783.pdf`）。

Q-learning 广泛应用于游戏（或类似于游戏的）领域。可以用以下等式概括（源代码来自 Wikipedia 页面的 Q-learning）：

$$Q^{\text{new}}(s_t,a_t) \leftarrow \underbrace{(1-\alpha) \cdot Q(s_t,a_t)}_{\text{old value}} + \underbrace{\alpha}_{\text{learning rate}} \cdot \overbrace{\underbrace{r_t}_{\text{reward}} + \underbrace{\gamma}_{\text{discount factor}} \cdot \underbrace{\max_{\alpha} Q(s_{t+1},a)}_{\text{estimate of optimal fiture value}}}^{\text{learned value}}$$

在这里，s_t 是时间 t 所处的状态、a_t 是代理所采取的行动、r_t 是在时间 t 所得到的奖励、s_{t+1} 是（在时间 $t+1$ 的）新的状态、α 是学习率（$0 \leq \alpha \leq 1$）、γ 是折扣因子。最后一个值决定了之后奖励的重要性。如果它是 0，它将使代理目光短浅，因为它意味着代理将仅考虑当前的奖励。如果其价值接近于 1，则代理将努力获得长期的高额回报。如果折扣因子值等于或大于 1，则操作值可能会偏离。

Apache Spark 的 MLLib 组件目前没有用于 RL 的功能，而且在编写本书的时候，似乎还没有计划在未来版本的 Spark 中实现对它的支持。但是，有一些稳定的 RL 开源计划与 Spark 集成。

DL4J 框架为 RL 提供了一个特殊的模块——RL4J，它最初是一个单独的项目。相比于所有其他的 DL4J 组件，它已经与 Apache Spark 完全集成。它实现了 DQN（具有双重 DQN 的深度 Q 学习）和 AC3 RL 算法。

因特尔公司的 Yang Yuhao（`https://www.linkedin.com/in/yuhao-yang-8a150232`）进行了有趣的实现，从而促进了分析动物园项目（`https://github.com/intel-analytics/analytics-zoo`）。这是他在 2018 年的 Spark-AI 上所做的演讲（`https://databricks.com/`

session/building-deep-reinforcement-learning-applications-on-apache-spark-using-bigdl）。分析动物园提供了一个统一的分析和人工智能平台，它可以将 Spark、TensorFlow、Keras 和 BigDL 程序无缝集成到一个管道中，该管道可以扩展到大型 Spark 集群以进行分布式训练或推断。

RL4J 作为 DL4J 的一部分，提供了 JVM 语言（包括 Scala）的 API，而 BigDL 同时提供了 Python 和 Scala 的 API，Facebook 公司提供一个可用的仅支持 Python 的大型 RL 端到端开源平台，名为 Horizon（https://github.com/facebookresearch/Horizon）。Facebook 公司自身在生产中使用它来优化大型环境中的各个系统。它支持离散作用 DQN、参数作用 DQN、双重 DQN、DDPG（https://arxiv.org/abs/1509.02971）和 SAC（https://arxiv.org/abs/1801.01290）算法。此平台中包含的工作流程和算法已内置在开源代码框架上（PyTorch 1.0、Caffe2 和 Apache Spark）。目前尚不支持将它们与 TensorFlow 和 Keras 等其他流行的 Python 机器学习框架在同一应用中使用。

值得一提的是 RISELab（https://ray-project.github.io/）的 Ray 框架（https://rise.cs.berkeley.edu/）。伯克利研究人员认为，虽然我们前面提到的 DL4J 和其他框架在 Apache Spark 上以分布式模式工作，但 Ray 替代了 Spark 本身，他们认为 Spark 更具通用性，并不是完美适合某些实际的 AI 应用程序。Ray 已经通过 Python 实现，它与 TensorFlow 和 PyTorch 等最流行的 Python 深度学习框架完全兼容，并且它允许我们可以在同一应用程序中使用一个以上的组合。

在 RL 的特定情况下，Ray 框架还提供了专用的 RLLib 库（https://ray.readthedocs.io/en/latest/rllib.html），此库实现了 AC3、DQN、进化策略（https://en.wikipedia.org/wiki/Evolution_strategy）和 PPO 算法（https://blog.openai.com/openai-baselines-ppo/）。在撰写本书的时候，我还不知道此框架在实际中的任何人工智能应用，但是我相信值得关注它的发展以及其在业界的接受程度。

15.4　DL4J 将来对 GAN 的支持

GAN 是深度神经网络体系结构，其中包括两个相互对抗的网络（这就是名称中使用"对抗"的原因）。GAN 算法被用于无监督的机器学习中。GAN 主要关注于从头开始生成数据。GAN 的最流行用例包括从文本生成图像、图像到图像的翻译、提高图像分辨率以制作更真实的图像和对视频的下一帧进行预测。

如前面所述，一个 GAN 由两个深度网络组成，即生成器（generator）和判别器（discriminator）。第一个是生成候选，而第二个是评估他们。让我们看看生成算法和判别算法如何在很高级别上工作。判别算法尝试对输入数据进行分类，所以它们预测输入数据所属的标签或类别，它们只关心将特征映射到标签。生成算法，当给予确定的特征则替代预测的标签，当给予确定的标签则尝试预测特征。在本质上，它们所做的事情与判别算法的工作相反。

接下来看一下 GAN 的工作原理。生成器生成新的数据实例，而判别器评估它们的真实性。

使用本书中已经用于多个代码示例的 MNIST 数据集(http://yann.lecun.com/exdb/mnist/)，让我们探讨一种特定的场景研究在 GAN 中发生了什么。假设我们让生成器生成一个 MNIST 数据集，如手写数字，然后将其传递给判别器。生成器的目的是生成可传递的手写数字且不被捕获，判别器的目的是将来自生成器的图像判定为伪造的手写数字，并进行捕获。可以参考图 15-4，这些是 GAN 所执行的步骤：

（1）生成器网络将一些随机数字作为输入，然后返回一个图像。

（2）生成的图像将与训练集中的图像一起被传递给判别网络。

（3）判别器同时获取到真实和伪造的图像，会返回数字 0～1 的值作为概率。0 代表预测其为假，而 1 代表预测其为真。

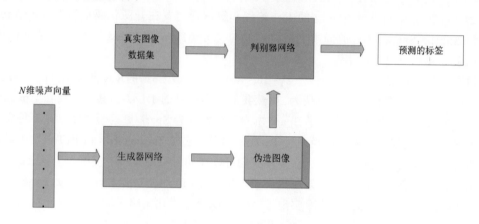

图 15-4　MNIST 数据集典型流程的 GAN 示例

在实现方面，判别网络是标准的 CNN，是可以对输入的图像进行分类的。而生成网络是反 CNN 的。两个网络都试图在 0 和 1 之中优化一个不同且相反的损失函数。此模型的本质上是演员评论家模型（actor-critic，https://cs.wmich.edu/~trenary/files/cs5300/RLBook/node66.html），也就是说判别网络更改其行为的话，生成网络也会改变行为，反之亦然。

在撰写本书时，DL4J 没有为 GAN 提供任何直接使用的 API，但是它允许导入已有的 Keras（你可以在我们的 GitHub 仓库 https://github.com/eriklindernoren/Keras-GAN 上找到）或 TensorFlow（https://github.com/aymericdamien/TensorFlow-Examples/blob/master/examples/3_NeuralNetworks/gan.py）GAN 模型，然后重新训练它们。或使用 JVM 环境（包括 Spark）的 DL4J API 进行预测，就像第 10 章和第 14 章中所介绍的一样。

15.5　小结

本书的主要内容在本章正式结束。在本书中，我们熟悉了 Apache Spark 及其组件，然后我们在实践之前先学习了深度学习的基础知识。接下来开始了 DL4J 框架的 Scala 动手之旅，通过理解如何从各种数据源中获得训练和测试数据，并使用 DataVec 库将其转换为向量。接下来我们则探索了 CNN 和 RNN 通过 DL4J 实现那些网络模型的细节，包括如何在分布式和基于 Spark 的环境中训练它们、如何通过 DL4J 可视化监控它们并获得有用的信息以及如何评估它们的效率和进行推断。

我们还学习了一些当配置一个用于训练的生产环境时，我们应该会用到的技巧和最佳实践，以及如何在已经实现的 Keras 和/或 TensorFlow 中导入 Python 模型，并将它们在基于 JVM 的环境中运行。在本书的最后一部分，应用之前学习到的内容通过深度学习实现 NLP 用例和端到端的图像分类应用程序。

我希望所有阅读了本书全部章节的读者可以达到我最初的目标：他们拥有所有的构建模块，可以开始在一个分布式系统（如 Apache Spark）中的 Scala 和/或 Python 环境中处理他们各自的特定深度学习用例场景。

附录 A

在 Scala 中的函数式编程

Scala 用一种高级语言将函数式编程和面向对象的编程结合在一起。
本附录包含对 Scala 中函数式编程原理的参考。

函数式编程

在函数式编程（Functional Programming，FP）中，函数可以像其他值一样被对待而且可以作为函数的结果像参数一样传递给其他函数。在 FP 中，它也可能以所谓的文字形式与函数一起工作，而无须命名它们。让我们看看下面的 Scala 示例：

```
val integerSeq = Seq(7, 8, 9, 10)
integerSeq.filter(i => i % 2 == 0)
```

i => i % 2 == 0 是一个没有名称的函数字面量。它检测一个数是否为偶数。它可以作为另一个函数参数进行传递或者它也可以用作返回值。

纯度

函数式编程的支柱之一是纯函数。纯函数式编程是一个类似于数学函数的函数。它只依赖于它的输入参数和它的内部算法，它总是返回给定输入的预测结果，因为它不依赖于任何外部的东西（这与 OOP 方法相比有很大的差别）。你能够轻松地理解这样可以让函数更容易测试和维护。事实上，一个纯函数不依赖于外部的任何东西，这意味着它没有副作用。

纯函数程序工作于不可变数据。除了保留已有的值，还会创建变更后的副本且同时保留原始值。这意味着它们可以在新旧副本之间被共享，因为无法修改结构的未更改部分。这种行为的结果是可以有效地节省内存。

Scala（和 Java）中的纯函数示例包括 List（https://docs.oracle.com/javase/8/docs/api/java/util/List.html）的 size 方法或 String（https://docs.oracle.com/javase/8/docs/api/java/lang/String.html）中的 lowercase 方法。

String 和 List 都是不可变的，因此它们的所有方法都像纯函数一样工作。但是并不是所有的抽象可以通过纯函数直接实现（如从数据库、对象存储或日志中读写）。FP 提供了两种方法允许开发人员以纯净的方式处理不纯净的抽象，从而使最终代码更简洁和可维护。第一种方法，已经在一些其他 FP 语言中得到了使用，除了 Scala。它是通过扩展副作用来扩展此语言的纯函数内核。然后在只期望得到纯函数时，开发人员有责任去避免在此情境中使用非纯函数。第二种方法，在 Scala 中将副作用引入纯语言并用 monads（https://www.haskell.org/tutorial/monads.html）模拟它们。这种方法，虽然编程语言保持纯净且参照透明，但 monads 可以通过在它们之中线程化提供隐式状态。编译器不必了解必要的特征，因为语言自身保持纯净。

由于纯计算是参照透明的，因此它们可以在任何时候被执行并产生相同的结果。从而有可能将计算到的值推迟到真正需要它们为止（延迟计算）。这种延迟计算避免了不必要的计算，并允许定义和使用无限的数据结构。

在 Scala 中只允许 monads 产生副作用，并保持语言的纯度，这样就可以有一个延迟计算，从而不会受到不纯的代码影响。而惰性表达式可以以任何顺序计算，monads 结构强制这些影响以正确的顺序执行。

递归

递归在 FP 中被大量使用，因为它是规范的而且通常情况下它是唯一的迭代方法。功能语言的实现通常会包括基于所谓的尾部递归的优化，以确定大量的递归不会对内存消耗产生重大或过度的影响。尾递归是递归的一个特殊实例，其中函数的返回值仅作为对自身的调用进行计算。下面是一个递归计算斐波那契数列的 Scala 示例。第一部分代码代表递归函数的实现：

```
def fib(prevPrev: Int, prev: Int) {
    val next = prevPrev + prev
    println(next)
    if (next > 1000000) System.exit(0)
    fib(prev, next)
}
```

另一段代码是以尾递归的方式实现相同的功能：

```
def fib(x: Int): BigInt = {
    @tailrec def fibHelper(x: Int, prev: BigInt = 0, next: BigInt = 1):
BigInt = x match {
        case 0 => prev
        case 1 => next
        case _ => fibHelper(x - 1, next, (next + prev))
    }
    fibHelper(x)
}
```

虽然第一个函数的返回行包含对自身的调用，但它也对其输出执行了一些操作，因此返回值实际上不是递归调用的实际返回值。第二个函数实现的是常规递归（尤其是在尾递归中）功能。

附录 B

Spark 的图像数据准备

CNN 模型是本书的主要主题，它们被用于很多的图像分类和分析的实际应用中。本附录说明了如何创建一个 RDD<DataSet>训练 CNN 模型进行图像分类。

图像预处理

本节中将要介绍的方法是依赖于 ND4J FileBatch 类（https://static.javadoc.io/org.nd4j/nd4j-common/1.0.0-beta3/org/nd4j/api/loader/FileBatch.html）将图像预处理为成批的文件，该类从此库的 1.0.0-beta3 版本起可用。此类可以将多个文件的原始内容（包括其原始路径）存储在字节数组中（每个文件一个）。FileBatch 对象可以以 ZIP 格式存储到磁盘。这样可以减少从远距离存储进行所需的磁盘读取（因为文件更少）和网络传输的次数（因为 ZIP 压缩）。通常地，用于训练一个 CNN 的原始图像文件使用一个有效的（就空间和网络而言）压缩格式（如 JPEG 或 PNG）。但是当它涉及集群，由于远程存储的延迟问题需要最小化磁盘读取。一个文件的读取/转换相比于 minibatchSize 远程文件读取切换速度更快。

将图像预处理作为批量处理会遇到 DL4J 的限制——需要手动提供类标签。图像应该位于名称与其标签相一致的目录下。让我们看一个示例——假设有三个类，它们是汽车、卡车和摩托车，图像的目录结构应该如下所示：

```
imageDir/car/image000.png
imageDir/car/image001.png
...
imageDir/truck/image000.png
imageDir/truck/image001.png
...
imageDir/motorbike/image000.png
imageDir/motorbike/image001.png
...
```

图像文件的名称无关紧要。重要的是根目录下的子目录具有这些类的名字。

策略

开始在 Spark 集群上进行训练前，有两种策略可以对图像进行预处理。第一种策略是使用 dl4j-spark 的 SparkDataUtils 类在本地预处理图像。例如：

```
import org.datavec.image.loader.NativeImageLoader
import org.deeplearning4j.spark.util.SparkDataUtils
...
val sourcePath = "/home/guglielmo/trainingImages"
val sourceDir = new File(sourcePath)
val destinationPath = "/home/guglielmo/preprocessedImages"
val destDir = new File(destinationPath)
```

```
val batchSize = 32
SparkDataUtils.createFileBatchesLocal(sourceDir,
NativeImageLoader.ALLOWED_FORMATS, true, destDir, batchSize)
```

在这个例子中，sourceDir 是本地图像的根目录，destDir 是将会保存预处理图像的本地目录，batchSize 是要放入一个单独的 FileBatch 对象中的图像数量。createFileBatchesLocal 方法负责导入。当预处理完所有图像后，最终目录 dir 的内容可以被复制/移动到集群中以进行培训。

第二种策略是使用 Spark 预处理图像。在这些用例中，原始图像都存储在一个分布式文件系统（如 HDFS）或一个分布式对象存储（如 Amazon S3）。SparkDataUtils 类仍会被使用，但使用另一种方法创建 createFileBatchesLocal，它期望在它的参数中包含 SparkContext 并必须被调用。这里有一个示例：

```
val sourceDirectory = "hdfs:///guglielmo/trainingImages";
val destinationDirectory = "hdfs:///guglielmo/preprocessedImages";
val batchSize = 32
val conf = new SparkConf
...
val sparkContext = new JavaSparkContext(conf)
val filePaths = SparkUtils.listPaths(sparkContext, sourceDirectory, true,
NativeImageLoader.ALLOWED_FORMATS)
SparkDataUtils.createFileBatchesSpark(filePaths, destinationDirectory,
batchSize, sparkContext)
```

在这个例子中，原始图像都存储于 HDFS（通过 sourceDirectory 指定的位置）而且预处理的图像也被存储于 HDFS（通过 destinationDirectory 指定的位置）。在开始预处理前，必须使用 dl4j-spark 的 SparkUtils 类创建一个源图像路径 JavaRDD<String>(filePaths)。SparkDataUtils.createFileBatchesSpark 方法获取 filePaths、最终 HDFS 路径（destinationDirectory）、要放入单独的 FileBatch 对象的图像（batchSize）数量以及 SparkContext（sparkContext）作为输入。一旦 Spark 预处理完所有的图像，就可以开始训练了。

训练

无论选择哪种预处理策略（本地或 Spark），这里都是使用 Spark 进行训练。
首先，使用以下实例创建 SparkContext、设置 TrainingMaster 和构建神经网络模型：

```
val conf = new SparkConf
...
val sparkContext = new JavaSparkContext(conf)
val trainingMaster = ...
val net:ComputationGraph = ...
val sparkNet = new SparkComputationGraph(sparkContext, net, trainingMaster)
```

```
sparkNet.setListeners(new PerformanceListener(10, true))
```

在这之后，需要创建一个数据加载器，如下所示：

```
val imageHeightWidth = 64
val imageChannels = 3
val labelMaker = new ParentPathLabelGenerator
val rr = new ImageRecordReader(imageHeightWidth, imageHeightWidth,
imageChannels, labelMaker)
rr.setLabels(new TinyImageNetDataSetIterator(1).getLabels())
val numClasses = TinyImageNetFetcher.NUM_LABELS
val loader = new RecordReaderFileBatchLoader(rr, minibatch, 1, numClasses)
loader.setPreProcessor(new ImagePreProcessingScaler)
```

输入图像的分辨率为 64×64 像素（imageHeightWidth）和三通道（RGB，imageChannels）。
0~255 的像素值被加载器通过 ImagePreProcessingScaler 类（https://deeplearning4j.org/api/
latest/org/nd4j/linalg/dataset/api/preprocessor/ImagePreProcessingScaler.htm
l）缩放至 0~1 的范围。

然后可以开始训练，如下所示：

```
val trainPath = "hdfs:///guglielmo/preprocessedImages"
val pathsTrain = SparkUtils.listPaths(sc, trainPath)
val numEpochs = 10
for (i <- 0 until numEpochs) {
println("--- Starting Training: Epoch {} of {} ---", (i + 1),
numEpochs)
sparkNet.fitPaths(pathsTrain, loader)
}
```